“十二五”职业教育国家规划教材

经全国职业教育教材审定委员会审定

PLC 编程与应用技术（三菱）
（第二版）

主　　编　范次猛

副主编　夏春荣　熊　巍　陈　静

参　　编　刘阿玲　王光祥　曹应明

华中科技大学出版社

中国·武汉

内 容 简 介

　　本书是职业院校(工学结合、校企合作、顶岗实习)课程改革成果系列教材之一,是根据最新制定的"PLC编程与应用技术"核心课程标准,参照相关最新国家职业标准及有关行业职业标准规范编写而成的。全书共分两个部分,第一部分介绍了PLC的基础知识,第二部分有16个项目,主要以三菱FX$_{2N}$系列PLC为重点,从硬件到软件,从基本逻辑指令、步进顺控指令到功能指令分别进行了介绍。

　　本书以项目构建教学体系,以具体项目任务为教学主线,以实训场所为教学平台,将理论教学与技能操作训练有机结合,因而建议4节课连上,采用"项目教学法"完成课程的理论与实践一体化教学,通过教、学、做紧密结合,突出对学生操作技能、设计能力和创新能力的培养和提高。

　　本书可作为职业院校机电类、电气工程类、数控类等相关专业的教学用书,也可供有关工程技术人员参考和使用,选用学校可根据实际需要,灵活选择不同的模块和项目进行教学。

图书在版编目(CIP)数据

PLC编程与应用技术:三菱/范次猛主编.—2版.—武汉:华中科技大学出版社,2015.6

"十二五"职业教育国家规划教材

ISBN 978-7-5680-0963-8

Ⅰ.①P… Ⅱ.①范… Ⅲ.①plc技术-程序设计-高等学校-教材 Ⅳ.①TM571.6

中国版本图书馆CIP数据核字(2015)第133592号

PLC编程与应用技术(三菱)(第二版)	范次猛　主编

策划编辑:谢燕群　　　　　　　　　　　　　　　　　　　　封面设计:范翠璇
责任编辑:谢燕群　　　　　　　　　　　　　　　　　　　　责任校对:何　欢
责任监印:周治超
出版发行:华中科技大学出版社(中国·武汉)　　　电话:(027)81321913
　　　　　武汉市东湖新技术开发区华工科技园　　　邮编:430223
录　　排:华中科技大学惠友文印中心
印　　刷:武汉科源印刷设计有限公司
开　　本:710mm×1000mm　1/16
印　　张:20.5
字　　数:397千字
版　　次:2012年7月第1版　2019年1月第2版第4次印刷
定　　价:38.80元

再 版 前 言

  《PLC 编程与应用技术(三菱)》作为一本面向职业院校机电、电气工程、数控等专业的教学用书,自 2012 年 8 月第一版问世以来,被多所职业院校使用,受到了广大师生的好评与欢迎。

  由于广大读者的厚爱和华中科技大学出版社的努力,本书已经多次重印。2014年,经全国职业教育教材审定委员会审定,被评为"十二五"职业教育国家规划教材。随着控制技术的发展,学生对教材有了更新的要求,所以教材内容需要及时更新。因此根据学科发展,针对培养对象,对本教材进行修订。在进行修订的过程中,按照巩固、完善和提高的修订原则,力图在强调基础知识与基本技能的同时,反映控制技术的科学性与先进性,并且在每一个单元后增加了任务拓展的相关内容。

  全书仍分为两个部分。第一部分分为 3 个单元,第 1 单元简明扼要介绍了 PLC 的基本情况,包括 PLC 的定义、由来、发展、特点、主要应用、基本结构、工作原理、编程语言和主要技术指标等;第 2 单元介绍了三菱 FX_{2N} 系列 PLC 的硬件资源,包括三菱 FX_{2N} 系列 PLC 的系统配置、基本组成、内部资源;第 3 单元介绍了 GX Developer 编程软件的使用,通过本部分的介绍,方便学生快速认识 PLC 并了解其工程应用的一般情况。

  第二部分按职业能力的成长过程和认知规律,遵循由浅入深、由简到难、循序渐进的学习过程,编排了 16 个工程训练项目。每个项目又按引领项目和自主巩固提高项目作双线安排。每个项目包含学习目标、项目介绍、相关知识、任务实施、知识拓展、任务拓展、巩固与提高等七个方面。项目中均介绍了完成项目必需的知识内容,方便学生对相关 PLC 知识的学习和技能的训练。

  范次猛、夏春荣、熊崴、陈静、刘阿玲、王光祥、曹应明负责本书的修订工作。

  虽然编者在本次修订过程中力求严谨,但限于学识水平与能力,书中还有很多不足之处,恳请有关专家、广大读者及同行批评指正,以便改进。同时,对本书所引用的参考文献的作者深表感谢!

编 者

2015 年 4 月

前　　言

为深入贯彻落实《教育部关于全面提高高等职业教育教学质量的若干意见》（教高〔2006〕16号）精神，适应当前高等职业教育"大力推行工学结合、校企合作、顶岗实习"人才培养模式改革的需要，体现工学结合的职业教育特色，本教材依据职业教育培养高素质技能型人才的目标要求，以就业为导向，以工学结合为切入点，整合理论知识和实践知识、显性知识和默会知识，将陈述性知识穿插于程序性知识之中，实现课程内容综合化，探索职业教育教材建设的新方向。

可编程控制器（PLC）是以微处理器为核心的通用工业自动化装置，它将传统的继电器控制技术与计算机技术、通信技术融为一体，具有结构简单、功能完善、性能稳定、可靠性高、灵活通用、易于编程、使用方便、性价比高等优点，因此，近年来在工业自动控制、机电一体化、改造传统产业等方面得到了广泛的应用，并被誉为现代工业生产自动化的三大支柱之一。随着集成电路的发展和网络时代的到来，PLC将会获得更大的发展空间。

本书立足职业教育人才培养目标，在编写过程中，突出职业教育为生产一线培养高素质技能型人才的教学特点，以加强实践能力的培养为原则，精心组织有关内容，力求简明扼要、突出重点，主动适应社会发展需要，使其更具有针对性、实用性和可读性，努力突出职业教育教材的特点。

本书在编写过程中有以下几个特点。

（1）在教材结构的组织方面，以模块构建教学体系，以具体项目任务为教学主线，通过设计不同的项目，巧妙地将知识点和技能训练融于各个项目之中。教学内容以"必需"与"够用"为度，将知识点做了较为精密的整合，由浅入深、循序渐进，强调实用性、可操作性和可选择性。

（2）本书将理论教学与技能操作训练有机结合，以实验与实训场所作为教学平台，采用"项目教学法"完成课程的理论实践一体化教学，通过使教、学、练紧密结合，突出了学生操作技能、设计能力和创新能力的培养和提高，真正符合职业教育的特色。

（3）本书将电气控制技术、PLC技术、变频技术和触摸屏技术等内容组合在一起，体现了知识的系统性和完整性。

全书共分两个部分，第一部分分为三个单元，第一单元简明扼要地介绍了PLC

的基本情况,包括 PLC 的定义、由来、发展、特点、主要应用、基本结构、工作原理、编程语言和主要技术指标等;第二单元介绍了三菱 FX$_{2N}$ 系列 PLC 的硬件资源,包括三菱 FX$_{2N}$ 系列 PLC 的系统配置、基本组成、内部资源;第三单元介绍了 GX Developer 编程软件的使用,通过本部分的介绍,方便学生快速认识 PLC 并了解其工程应用的一般情况。

第二部分按职业能力的成长过程和认知规律,遵循由浅入深、由易到难、循序渐进的学习过程,教材编排了 16 个工程训练项目,每个项目又按引领项目和自主巩固提高项目作双线安排。每个项目包含学习目标、项目介绍、相关知识、任务实施、知识拓展、巩固与提高六个方面,项目中均介绍了完成项目必需的知识内容,方便学生对相关 PLC 知识的学习和技能的训练。

本书由范次猛任主编,夏春荣、熊巍、陈静任副主编。其中主编范次猛编写了第一部分中的第一单元,第二部分中的项目三、项目七、项目十五及附录,负责全书统稿。

因编者水平有限,加之时间仓促,书中还有很多不足之处,恳请有关专家、广大读者及同行批评指正,以便改进。同时,对本书所引用的参考文献的作者深表感谢!

编　者

2012 年 4 月

目　　录

第一部分　PLC 基础知识

第二部分　工程项目训练

第一部分

PLC 基础知识

第一单元　认识 PLC

一、学习目标

知识目标

（1）了解 PLC 的定义、由来及发展趋势。

（2）掌握 PLC 的主要特点及分类。

（3）掌握 PLC 的主要组成及功能。

（4）了解 PLC 的编程语言及工作原理。

（5）理解 PLC 的主要技术指标。

能力目标

（1）通过实物操作，对 PLC 的整体结构有一个直观的认识。

（2）能够将外部输入信号正确连接到 PLC；能够正确连接 PLC 的外部输出。

二、任务导入

在电力拖动自动控制系统中，各种生产机械均由电动机来拖动。在可编程控制器出现以前，继电器接触器控制在工业控制领域占主导地位，这种控制方式能够实现对电动机的启动、正反转、调速、制动等运行方式的控制，以满足生产工艺要求，实现生产过程自动化。

下面以小型三相异步电动机的启停控制为例，说明接触器-继电器装置和可编程控制器装置的控制特点。图 1-1（a）所示为三相异步电动机启停控制的主电路图。图 1-1（b）和图 1-1（c）所示分别是电动机全压启动和延时启动的接触器-继电器控制电路图。

在图 1-1（b）中，三相电动机直接启动时，按下启动按钮 SB2，交流接触器线圈 KM 得电，其主触点闭合，电动机启动；按下停止按钮 SB1，线圈 KM 失电，电动机停止。

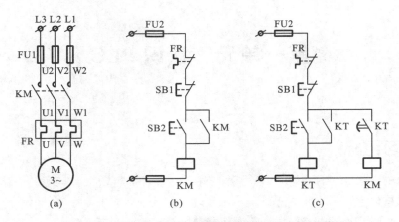

图 1-1　三相异步电动机接触器-继电器启/停控制电路

(a)主电路;(b)全压启动控制电路;(c)延时启动控制电路

在图 1-1(c)中,三相电动机需要延时启动时,按下启动按钮 SB2,延时继电器 KT 得电并自保,延时一段时间后接触器线圈 KM 得电,其主触点闭合,电动机启动;按下停止按钮 SB1,线圈 KM 失电,电动机停止。与直接启动一样,两个简单的控制系统输入设备和输出设备相同,即都是通过启动按钮 SB2 和停止按钮 SB1 控制接触器线圈 KM,但因控制要求发生了变化,控制系统必须重新设计,重新配线安装。

随着科技的进步、信息技术的发展,各种新型的控制器件和控制系统不断涌现。PLC 可编程控制器就是一种在继电器控制和计算机控制的基础上开发出来的新型自动控制装置。采用可编程控制器对三相电动机进行直接启动和延时启动,使工作变得轻松愉快。

采用可编程控制器进行控制,硬件接线更加简单清晰,主电路仍然不变,用户只需要将输入设备(如启动按钮 SB2、停止按钮 SB1、热继电器触点 FR)接到 PLC 的输入端口,输出设备(如接触器线圈 KM)接到 PLC 的输出端口,再接上电源、输入软件程序就可以了。图 1-2 所示为用三菱 FX_{2N} 可编程控制器控制电动机启/停的硬件接线图和软件程序。直接启动的硬件接线图与延时启动的完全相同,只是软件程序不同罢了。

由上可知,PLC 是通过用户程序实现逻辑控制的,这与接触器-继电器控制系统采用硬件接线实现逻辑控制的方式不同。PLC 的外部接线只起到信号传送的作用,因而用户可在不改变硬件接线的情况下,通过修改程序实现两种方式的电动机启/停控制。由此可见,采用可编程控制器进行控制通用灵活,极大地提高了工作效率。同时,可编程控制器还具有体积小、可靠性高、使用寿命长、编程方便等一系列优点。

本单元重点介绍可编程控制器的产生、发展、特点、应用和分类,详细地说明可

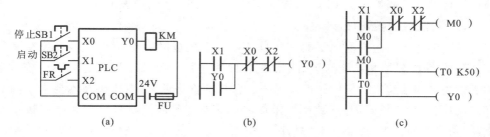

图 1-2　用 PLC 实现的三相异步电动机启/停控制

(a)输入/输出接线图;(b)全压启动控制 PLC 程序;(c)延时启动控制 PLC 程序

编程控制器的基本组成和工作原理。

三、相关知识

1. 可编程控制器的定义

由于早期的可编程控制器主要是用来替代接触器-继电器控制系统,因此功能较为简单,只能进行开关量逻辑控制,称为可编程逻辑控制器(Programmable Logic Controller,PLC)。

随着微电子技术、计算机技术和通信技术的发展,20 世纪 70 年代后期微处理器被用作可编程控制器的中央处理单元(Central Processing Unit,CPU),从而大大扩展了可编程控制器的功能,除了进行开关量逻辑控制外,还具有模拟量控制、高速计数、PID 回路调节、远程 I/O 和网络通信等许多功能。1980 年,美国电气制造商协会正式将其命名为可编程控制器(Programmable Controller,PC)。

可编程控制器的定义随着技术的发展经过多次变动。国际电工委员会(IEC)在 1987 年 2 月颁布的可编程控制器标准草案的第三稿中将其定义为:"可编程控制器是一种数字运算操作的电子系统,专为在工业环境下应用而设计。它采用可编程序的存储器,用来在其内部存储执行逻辑运算、顺序控制、定时、计数和算术运算等操作的指令,并通过数字式、模拟式的输入和输出,控制各种类型的机械或生产过程。可编程控制器及其有关设备,都应按易于与工业控制器系统连成一个整体、易于扩充其功能的原则设计。"

从上述定义可以看出,可编程控制器是"专为在工业环境下应用而设计"的"一种数字运算操作的电子系统",因此,可以认为其实质是一台工业控制用计算机。为避免在使用中与个人计算机(Personal Computer)的简称 PC 相混淆,通常人们仍习惯地把可编程控制器称为 PLC,本书中也统一使用 PLC 这种表示方法。

2. 可编程控制器的由来

早期工业生产中广泛使用的电气自动控制系统是接触器-继电器控制系统。所谓接触器-继电器控制系统就是用导线把各种继电器、接触器、开关及其触点,按一定的逻辑关系连接起来所构成的控制系统。它具有价格低廉、对维护技术要求不高的优点,适用于工作模式固定、控制要求简单的场合。其缺点是系统的布线连接不易更新、功能不易扩展,可靠性不高。对一些比较复杂的控制系统来讲,查找和排除故障往往十分困难。另外,当产品更新、生产工艺发生变化时,接触器-继电器控制系统的元件和接线也须做相应的变动,而且这种变动工作量很大、工期长、费用高。

随着 20 世纪工业生产的迅速发展,市场竞争越来越激烈,工业产品更新换代的周期日趋缩短,新产品不断涌现,传统的接触器-继电器控制系统难以满足现代社会小批量、多品种、低成本、高质量生产方式的生产控制要求,因此,迫切需要一种新的更先进的自动控制装置来取代传统的接触器-继电器控制系统。20 世纪 60 年代初,随着电子技术在自动控制领域中的应用,出现了半导体逻辑元件装置。利用半导体二极管、三极管和中小规模集成电路构成的逻辑式顺序控制器,具有体积小、无触点、可靠性较高和动作顺序变更较方便等优点;其缺点是控制规模较小(一般输入/输出点数不超过 64 点)、程序编制不够灵活。随着计算机技术的发展,曾用小型计算机取代接触器-继电器控制系统,实现控制要求,但是由于计算机对使用环境要求较高,而且现场的输入/输出信号与计算机本身不匹配,同时计算机程序的编制较复杂,使用者需要掌握一定的计算机专业知识,一般工程技术人员不易熟练运用,加上计算机成本高,因而一直没有得到广泛应用。

1968 年,美国通用汽车公司(GM)为适应汽车工业激烈的竞争,满足汽车型号不断更新的要求,向制造商公开招标,想寻求一种取代传统接触器-继电器控制系统的新的控制装置,并提出 10 条要求:

(1) 编程方便,可在现场修改程序;

(2) 维修方便,最好是插件式结构;

(3) 可靠性高于继电器控制装置的;

(4) 体积小于继电器控制装置的;

(5) 数据可以直接输入管理用计算机;

(6) 可以直接用交流 115 V 输入;

(7) 输出为交流 115 V,负载电流要求 2 A 以上,可直接驱动电磁阀、接触器等负载元件;

(8) 通用性强,易扩展,扩展时原系统只需少量变更;

(9) 用户存储器容量大于 4 KB;

(10) 成本可与继电器控制装置竞争。

这就是著名的 GM10 条。1969 年,美国数字设备公司(DEC)根据以上要求,研制出了第一台可编程控制器,型号为 PDP-14,用它取代传统的接触器-继电器控制系统在美国通用汽车公司的汽车自动装配线上使用,取得了成功。随后,这种新型的工业控制装置很快就在美国其他工业领域得到推广使用。1971 年,日本从美国引进了这项新技术,并很快研制成功了日本第一台可编程控制器。1973—1974 年,德国、法国也相继研制成功了他们的可编程控制器。我国从 1974 年开始研制,1977 年成功研制了以一位微处理器 MC14500 为核心的可编程控制器,并开始应用于工业生产控制。

可编程控制器是以微处理器为核心,综合计算机技术、自动控制技术和通信技术发展起来的一种新型工业自动控制装置。经过 40 多年的发展,可编程控制器在工业生产中获得了极其广泛的应用。目前,可编程控制器成为工业自动化领域中最重要、应用最多的控制装置,居工业生产自动化三大支柱(可编程控制器、机器人、计算机辅助设计与制造)的首位。其应用的深度和广度成为衡量一个国家工业自动化程度高低的标志。

3. 可编程控制器的应用

PLC 的应用范围极其广泛,经过 40 多年的发展,目前 PLC 已经广泛应用于冶金、石油、化工、建材、电力、矿山、机械制造、汽车、交通运输、轻纺、环保等各行各业,可以说凡是有控制系统存在的地方就有 PLC。概括起来,PLC 的应用主要集中在以下 5 个方面。

1) 开关量控制

这是 PLC 最基本的应用领域,可用 PLC 取代传统的接触器-继电器控制系统,实现逻辑控制和顺序控制。在单机控制、多机群控和自动生产线控制方面都有很多成功的应用实例,如机床电气控制,起重机、皮带运输机和包装机械的控制,注塑机的控制,电梯的控制,饮料灌装生产线、家用电器(电视机、冰箱、洗衣机等)自动装配线的控制,汽车、化工、造纸、轧钢自动生产线的控制等。

2) 模拟量控制

目前,很多 PLC 都具有模拟量处理功能,通过模拟量 I/O 模块可对温度、压力、速度、流量等连续变化的模拟量进行控制,而且编程和使用都很方便。大、中型的 PLC 还具有 PID 闭环控制功能,运用 PID 子程序或使用专用的智能 PID 模块,可以实现对模拟量的闭环过程控制。随着 PLC 规模的扩大,控制回路已从几个增加到几十个甚至上百个,可以组成较复杂的闭环控制系统。PLC 的模拟量控制功能已广泛应用于工业生产各个行业,如自动焊机控制、锅炉运行控制、连轧机的速度和位置控制等都是典型的闭环过程控制的应用场合。

3)运动控制

运动控制是指 PLC 对直线运动或圆周运动的控制,也称为位置控制。早期 PLC 通过开关量 I/O 模块与位置传感器和执行机构的连接来实现这一功能,现在一般都使用专用的运动控制模块来完成。目前,PLC 的运动控制功能广泛应用在金属切削机床、电梯、机器人等各种机械设备上,典型的如 PLC 和计算机数控装置(CNC)组合成一体,构成先进的数控机床。

4)数据处理

现代 PLC 都具有不同程度的数据处理功能,能够完成数学运算(函数运算、矩阵运算、逻辑运算),数据的移位、比较、传递,数值的转换和查表等操作,对数据进行采集、分析和处理。数据处理通常用在大、中型控制系统中,如柔性制造系统、机器人的控制系统等。

5)通信联网

通信联网是指 PLC 与 PLC 之间、PLC 与上位计算机或其他智能设备间的通信,利用 PLC 和计算机的 RS-232 或 RS-422 接口、PLC 的专用通信模块,用双绞线和同轴电缆或光缆将它们联成的网络,可实现相互间的信息交换,构成"集中管理、分散控制"的多级分布式控制系统,建立工厂的自动化网络。

4. 可编程控制器的发展趋势

现代 PLC 的发展有两个主要趋势:一方面是向体积更小、速度更快、功能更强和价格更低的微小型化方面发展;另一方面是向大型网络化、高性能、良好的兼容性和多功能方面发展。

发展小型 PLC 的目的是占领广大分散的中小型的工业控制场合,使 PLC 不仅成为继电器控制柜的替代物,而且超过继电器控制系统的功能。小型、超小型、微小型 PLC 不仅便于实现机电一体化,也是实现家庭自动化的理想控制器。

大型 PLC 自身向着大存储容量、高速度、高性能、增加 I/O 点数的方向发展。网络化和强化通信能力是大型 PLC 的一个重要发展趋势。PLC 构成的网络向下可将多个 PLC、多个 I/O 模块相连,向上可与工业计算机、以太网等结合,构成整个工厂的自动控制系统。PLC 采用了计算机信息处理技术、网络通信技术和图形显示技术,使 PLC 系统的生产控制功能和信息管理功能融为一体,满足现代化大生产的控制与管理的需要。为了满足特殊功能的需要,各种智能模块层出不穷,如通信模块、位置控制模块、闭环控制模块、模拟量 I/O 模块、高速计数模块、数控模块、计算模块、模糊控制模块和语言处理模块等。

5. 可编程控制器的特点

现代工业生产是复杂多样的,对控制的要求也各不相同。可编程控制器由于具有以下特点而深受工程技术人员的欢迎。

1)可靠性高,抗干扰能力强

现代 PLC 采用了集成度很高的微电子器件,大量的开关动作由无触点的半导体电路来完成,其可靠程度是使用机械触点的接触器-继电器系统所无法比拟的。为了保证 PLC 能在恶劣的工业环境下可靠工作,在其设计和制造过程中采取了一系列硬件和软件方面的抗干扰措施来提高它的可靠性。

硬件方面采取的主要措施有以下几方面。

(1)隔离。PLC 的输入/输出接口电路一般都采用光电耦合器来传递信号,这种光电隔离措施使外部电路与 PLC 内部之间完全避免了电的联系,有效地抑制了外部干扰源对 PLC 的影响,还可防止外部强电窜入内部 CPU。

(2)滤波。在 PLC 电源电路和输入/输出(I/O)电路中设置多种滤波电路,可有效抑制高频干扰信号。

(3)在 PLC 内部对 CPU 供电电源采取屏蔽、稳压、保护等措施,防止干扰信号通过供电电源进入 PLC 内部,另外各个输入/输出(I/O)接口电路的电源彼此独立,以避免电源之间的互相干扰。

(4)内部设置联锁、环境检测与诊断等电路,一旦发生故障,立即报警。

(5)外部采用密封、防尘、抗振的外壳封装结构,以适应恶劣的工作环境。

在软件方面采取的主要措施有以下几方面。

(1)设置故障检测与诊断程序,每次扫描都对系统状态、用户程序、工作环境和故障进行检测与诊断,发现出错后,立即自动作出相应的处理,如报警、保护数据和封锁输出等。

(2)对用户程序及动态数据进行电池后备,以保障停电后有关状态及信息不会因此而丢失。

采用以上抗干扰措施后,一般 PLC 的抗电平干扰强度可达峰值 1000 V,脉宽为 10 μs,其平均无故障时间可高达 30 万～50 万小时。

2)编程简单易学

PLC 采用与接触器-继电器控制线路图非常接近的梯形图作为编程语言,它既有继电器电路清晰直观的特点,又充分考虑到电气工人和技术人员的读图习惯;对使用者来说,几乎不需要专门的计算机知识,因此易学易懂,程序改变时也容易修改。

3)功能完善,适应性强

目前 PLC 产品已经标准化、系列化和模块化,不仅具有逻辑运算、计时、计数、顺序控制等功能,还具有 A/D 转换、D/A 转换、算术运算及数据处理、通信联网和生产过程监控等功能。它能根据实际需要,方便灵活地组装成大小各异、功能不一的控制系统:既可控制一台单机、一条生产线,又可以控制一个机群、多条生产线;既可以现场控制,又可以远程控制。

针对不同的工业现场信号,如交流或直流、开关量或模拟量、电流或电压、脉冲或电位、强电或弱电等,PLC 都有相应的 I/O 接口模块与工业现场控制器件和设备直接连接,用户可以根据需要方便地进行配置,组成实用、紧凑的控制系统。

4)使用简单,调试维修方便

PLC 的接线极其方便,只需将产生输入信号的设备(如按钮、开关等)与 PLC 的输入端子连接,将接收输出信号的被控设备(如接触器、电磁阀等)与 PLC 的输出端子连接,仅用螺丝刀即可完成全部接线工作。

PLC 的用户程序可在实验室模拟调试,输入信号用开关来模拟,输出信号可以观察 PLC 的发光二极管。调试后再将 PLC 在现场安装调试。调试工作量要比接触器-继电器控制系统小得多。

PLC 的故障率很低,并且有完善的自诊断功能和运行故障指示装置。一旦发生故障,可以通过 PLC 机上各种发光二极管的亮灭状态迅速查明原因,排除故障。

5)体积小、重量轻、功耗低

由于 PLC 采用半导体大规模集成电路,因此整个产品结构紧凑、体积小、重量轻、功耗低,所以,PLC 很容易装入机械设备内部,是实现机电一体化理想的控制设备。

6. 可编程控制器的分类

目前,PLC 应用广泛,国内外生产厂家众多,所生产的 PLC 产品更是品种繁多,其型号、规格和性能也各不相同,通常可以按照结构形式的不同及功能的差异进行大致的分类。

按照结构形式的不同,PLC 可分为整体式、模块式和叠装式。

1)整体式

整体式 PLC 是将 CPU、存储器、I/O 部件等组成部分集中于一体,安装在一块或少数几块印刷电路板上,并连同电源一起装在一个金属或塑料的机壳内,形成一个整体,通常称为主机或基本单元,如图 1-3 所示。输入/输出接线端子及电源进线分别在机箱的两侧,并有相应的发光二极管显示输入/输出状态。这种结构的 PLC 具有结构紧凑、体积小、重量轻、价格低的优点,易于装置在工业设备的内部,通常适合于单机控制。一般小型和超小型 PLC 多采用这种结构,如松下的 FP0 和 FP1 系列 PLC。

图 1-3　整体式 PLC

2）模块式

模块式 PLC 是把各个组成部分做成独立的模块，如 CPU 模块、输入模块、输出模块、电源模块等。各模块做成插件式，然后以搭积木的方式将它们组装在一个具有标准尺寸并带有若干插槽的机架内。PLC 厂家备有不同槽数的机架供用户选择。用户可以根据需要选用不同档次的 CPU 模块、各种 I/O 模块和其他特殊模块插入相应的机架底板的插槽中，组成不同功能的控制系统，如图 1-4 所示。这种结构的 PLC 配置灵活，装配和维修方便，功能易于扩展，其缺点是结构较复杂，造价也较高。一般大、中型 PLC 都采用这种结构，如松下的 FP2 和 FP3 系列，立石公司 C 系列的 C500、C1000H 及 C2000H，以及通用电气公司的 90TM-70、90TM-30。

图 1-4　模块式 PLC

3）叠装式

叠装式结构是整体式和模块式相结合的产物。电源也可做成独立的、不使用模块式可编程控制器中的母板，采用电缆连接各个单元，在控制设备中安装时可以一层层地叠装，如图 1-5 所示。

整体式 PLC 一般用于规模较小、输入/输出点数固定且以后也少有扩展的场合；模块式 PLC 一般用于规模较大、输入/输出点数较多且比例比较灵活的场合；叠装式 PLC 兼有整体式和模块式的优点，从近年来的市场情况看，整体式及模块式有结合为叠装式的趋势。

按功能、输入/输出点数和存储器容量不同，PLC 可分为小型、中型和大型三类。

小型 PLC 的输入/输出点数在 256 点以下，用户程序存储容量在 4 KB 左右。中

图 1-5　叠装式 PLC

型 PLC 的输入/输出点数为 256～2048 点,用户程序存储容量在 8 KB 左右。大型 PLC 的输入/输出点数在 2048 点以上,用户程序存储容量在 16 KB 以上。

PLC 还可以按功能分为低档机、中档机和高档机。低档机以逻辑运算为主,具有计时、计数、移位等功能。中档机一般有整数和浮点运算、数制转换、PID 调节、中断控制及联网功能,可用于复杂的逻辑运算及闭环控制场合。高档机具有更强的数字处理能力,可进行矩阵运算、函数运算,完成数据管理工作,有很强的通信能力,可以和其他计算机构成分布式生产过程综合控制管理系统。一般大型机、超大型机都是高档机。

7. PLC 系统的组成及功能

PLC 是一种以微处理器为核心的工业通用自动控制装置,其实质是一种工业控制用的专用计算机。因此,它的组成与一般的微型计算机的基本相同,也是由硬件系统和软件系统两大部分组成的。

PLC 的硬件系统由基本单元、I/O 扩展单元及外部设备组成。图 1-6 所示为 PLC 的硬件系统结构。

1) 微处理器(CPU)

与通用计算机一样,CPU 是 PLC 的核心部件,在 PLC 控制系统中的作用类似于人体的神经中枢,整个 PLC 的工作过程都是在 CPU 的统一指挥和协调下进行的。它的主要功能有以下几点。

(1) 接收从编程器输入的用户程序和数据,送入存储器存储。

(2) 用扫描方式接收输入设备的状态信号,并存入相应的数据区(输入映像寄存器)。

(3) 监测和诊断电源、PLC 内部电路工作状态和用户程序编程过程中的语法错误。

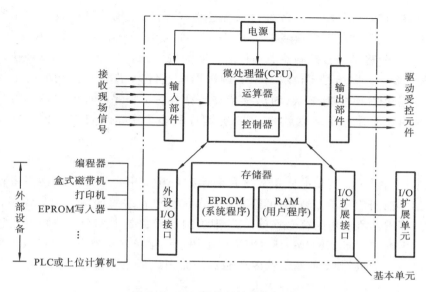

图 1-6　PLC 硬件系统结构框图

（4）执行用户程序，完成各种数据的运算、传递和存储等功能。

（5）根据数据处理的结果，刷新有关标志位的状态和输出状态寄存器表的内容，以实现输出控制、制表打印或数据通信等功能。

PLC 中所使用的 CPU 多为 8 位字长的单片机。为增加控制功能和提高实时处理速度，16 位或 32 位单片机也在高性能 PLC 设备中使用。不同型号可编程控制器的 CPU 芯片是不同的，有的采用通用 CPU 芯片，如 8031、8051、8086、80286 等，有的采用厂家自行设计的专用 CPU 芯片（如西门子公司的 S7-200 系列可编程控制器均采用其自行研制的专用芯片）等。CPU 芯片的性能关系到可编程控制器处理控制信号的能力与速度，CPU 位数越高，系统处理的信息量就越大，运算速度也越快。随着 CPU 芯片技术的不断发展，可编程控制器所用的 CPU 芯片也越来越高档。FX_{2N} 可编程控制器使用的微处理器是 16 位的 8089 单片机。

2）存储器

存储器主要用来存放程序和数据，PLC 的存储器可以分为系统程序存储器、用户程序存储器和工作数据存储器。

（1）系统程序存储器。

系统程序存储器用来存放由可编程控制器生产厂家编写的系统程序，并固化在 ROM 内，用户不能直接更改。它使可编程控制器具有基本的智能，能够完成可编程控制器设计者规定的各项工作。系统程序的质量在很大程度上决定了 PLC 的性能，其内容主要包括三部分：第一部分为系统管理程序，它主要控制可编程控制器的运行，使整个可编程控制器按部就班地工作；第二部分为用户指令解释程序，通过用户指令解释程序，将可编程控制器的编程语言变为机器语言指令，再由 CPU 执行这些指令；第三部分为标准程序模块与系统调用程序，它包括许多不同功能的子程序及其调用管理程序，如完成输入、输出及特殊运算等的子程序。可编程控制器的具体工作都是由这部分程序来完成的，这部分程序的多少决定了可编程控制器性能的强弱。

（2）用户程序存储器。

根据控制要求而编制的应用程序称为用户程序。用户程序存储器用来存放用户针对具体控制任务，用规定的可编程控制器编程语言编写的各种用户程序。用户程序存储器根据所选用的存储器单元类型的不同，可以是 RAM（用锂电池进行掉电保护）、EPROM 或 EEPROM，其内容可以由用户任意修改或增删。目前较先进的可编程控制采用可随时读/写的快闪存储器作为用户程序存储器。快闪存储器不需要后备电池，掉电时数据也不会丢失。

（3）工作数据存储器。

工作数据存储器用来存储工作数据，即用户程序中使用的 ON/OFF 状态、数值数据等。在工作数据区中开辟有元件映像寄存器和数据表。其中，元件映像寄存器用来存储开关量、输出状态，以及定时器、计数器、辅助继电器等内部器件的 ON/OFF 状态。数据表用来存放各种数据，它存储用户程序执行时的某些可变参数值及 A/D 转换得到的数字量和数学运算的结果等。在可编程控制器断电时能保持数据的存储器区称为数据保持区。

用户程序存储器和工作数据存储器容量的大小关系到用户程序容量的大小和内部器件的多少，是反映 PLC 性能的重要指标之一。

3）输入/输出接口电路

输入/输出模块是 PLC 与工业控制现场各类信号连接的部分，在 PLC 与被控对象间传递输入/输出信息。

实际生产过程中产生的输入信号多种多样，信号电平各不相同，而 PLC 只能对标准电平进行处理。通过输入模块可以将来自于被控制对象的信号转换成 CPU 能够接收和处理的标准电平信号。同样，外部执行元件（如电磁阀、接触器、继电器等）所需的控制信号电平也有差别，也必须通过输出模块将 CPU 输出的标准电平信号转换成这些执行元件所能接收的控制信号。输入/输出接口电路还具有良好的抗干扰能力，因此接口电路一般都包含光电隔离电路和 RC 滤波电路，用以消除输入触点的抖动和外部噪声干扰。

（1）输入接口电路。

连接到 PLC 输入接口的输入器件是各种开关、按钮、传感器等。按现场信号可以接纳的电源类型不同,开关量输入接口电路可分为三类:直流输入接口、交流输入接口和交直流输入接口。使用时要根据输入信号的类型选择合适的输入模块。各种 PLC 输入电路大都相同,直流输入接口原理图如图 1-7 所示。

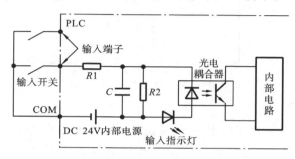

图 1-7　直流输入接口原理图

图 1-7 中只画出了一个输入端子的输入电路,其他输入端子的输入电路与之相同,COM 是公共端。当输入开关接通时,光电耦合器导通,输入信号送入 PLC 内部电路,CPU 在输入阶段读入数字"1"供用户程序处理,同时 LED 输入指示灯点亮,表示输入端开关接通。反之,输入开关断开,光电耦合器截止,CPU 在输入阶段读入数字"0"供用户程序处理,同时 LED 输入指示灯熄灭,表示输入端开关断开。直流输入接口所用的电源一般由 PLC 内部 24 V 直流电源供给。

交流输入接口和交直流输入接口原理图分别如图 1-8、图 1-9 所示。工作原理、电路结构与直流输入接口电路基本相似,只是交流输入接口电路所用的电源一般由外部电源供给。

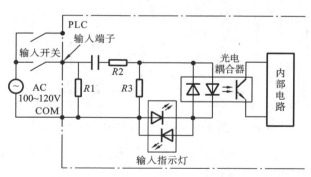

图 1-8　交流输入接口原理图

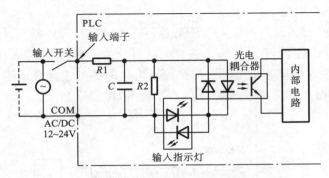

图 1-9　交直流输入接口原理图

（2）输出接口电路。

开关输出电路的作用是将 PLC 的输出信号传送到用户输出设备。按输出开关器件的种类不同,PLC 的输出有三种形式,即继电器输出、晶体管输出和双向晶闸管输出。其中,晶体管输出型接口只能接直流负载,为直流输出接口;双向晶闸管输出型接口只能接交流负载,为交流输出接口;继电器输出型接口既可接直流负载,也可接交流负载,为交直流输出接口。

直流输出接口原理图如图 1-10 所示,程序执行完,输出信号由输出映像寄存器送至输出锁存器,再经光电耦合器控制输出晶体管。当晶体管饱和导通时,LED 输出指示灯点亮,说明该输出端有信号输出。当晶体管截止断开时,LED 输出指示灯熄灭,说明该输出端无输出信号。图中的稳压管用来抑制关断过电压和外部的涌流电压,保护输出晶体管。

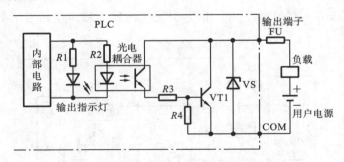

图 1-10　直流输出接口(晶体管输出型)原理图

交流输出接口和交直流输出接口原理图分别如图 1-11、图 1-12 所示。电路原理和结构与直流输出接口的基本相似。

4）电源

PLC 配有开关式稳压电源模块,用来将外部供电电源转换成使 PLC 内部的

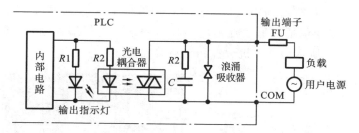

图 1-11 交流输出接口(双向晶闸管输出型)原理图

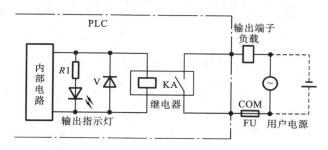

图 1-12 交直流输出接口(继电器输出型)原理图

CPU、存储器和输入/输出接口等电路工作所需的直流电源。PLC 的电源部件有很好的稳压措施,因此对外部电源的稳定性要求不高。小型 PLC 的电源往往和 CPU 单元合为一体,大中型 PLC 都有专用电源部件。

有些 PLC 的电源部件还能向外提供直流 24 V 稳压电源,用于对外部设备供电,避免由于外部电源污染或不合格电源引起的故障。为防止在外部电源发生故障的情况下 PLC 内部程序和数据等重要信息的丢失,PLC 还带有锂电池作为后备电源。

　　5) 编程器

编程器是 PLC 的最重要的外围设备,也是 PLC 不可缺少的一部分。它不仅可以写入用户程序,还可以对用户程序进行检查、修改和调试,以及在线监视 PLC 的工作状态。它通过接口与 CPU 连接,完成人机对话。

编程器一般分为简易编程器和图形编程器两类。简易编程器功能较少,一般只能用语句表形式进行编程,通常需要联机工作。简易编程器使用时直接与 PLC 的专用插座相连接,由 PLC 提供电源。它体积小,重量轻,便于携带,适合小型 PLC 使用。图形编程器既可以用指令语句进行编程,又可以用梯形图编程;既可联机编程又可脱机编程,操作方便,功能强,有液晶显示的便携式和阴极射线式两种。图形编程器还可与打印机、绘图仪等设备连接,但价格相对较高。通常大、中型 PLC 多采用图形编程器。

目前,很多 PLC 都可利用微型计算机作为编程工具,只要配上相应的硬件接口和软件包,就可以用包括梯形图在内的多种编程语言进行编程,同时还具有很强的监控功能,图 1-13 所示为计算机编程和简易编程器。

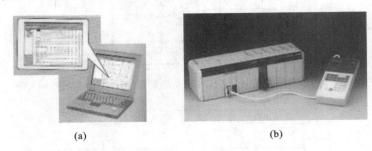

(a)   (b)

图 1-13 编程器

(a)计算机编程;(b)简易编程器

6)其他外部设备

PLC 还配有生产厂家提供的其他外部设备,如外部存储器、打印机、EPROM 写入器等。

7)I/O 扩展单元

I/O 扩展单元用来扩展输入/输出点数。当用户所需的输入/输出点数超过 PLC 基本单元的输入/输出点数时,就需要加上 I/O 扩展单元来扩展,以适应控制系统的要求。

8. 可编程控制器的等效电路

1)接线程序控制、存储程序控制与可编程控制器

在传统的继电器控制系统和电子逻辑控制系统中,控制任务的完成是通过电器、电子控制线路来实现的。这些控制线路将继电器、接触器、电子元件等若干分立器件用导线连接在一起,形成满足控制对象动作要求的控制"程序"。这样的控制系统称为接线程序控制系统。因其程序就固定在接线中,所以又称为接线程序。在接线程序控制系统中,若要修改控制程序就必须改变接线。

设计一个接线程序控制系统,首先需要针对具体的控制对象,分析控制要求,确定所需的用户输入/输出设备,设计相应的控制线路,再根据需要制作针对该控制任务的专用控制装置(如继电器控制柜或控制台)。对于较复杂的控制过程,控制线路的设计将非常烦琐、困难,设计的控制线路也很复杂。由于控制系统器件接线多,系统的可靠性受到很大影响,其平均无故障时间往往较短。控制系统完成以后,若控制任务发生变化(如生产工艺流程的变化),则必须改变相应接线才能实现,因而容

易造成接线程序控制系统的灵活性、通用性较低,故障率高,维修也不方便。

随着集成电路和计算机技术的迅猛发展,存储程序控制逐步取代接线程序控制,成为工业控制系统的主流和发展方向。所谓存储程序控制,就是将控制逻辑以程序语言的形式存放在存储器中,通过执行存储器中的程序实现系统的控制要求。这样的控制系统称为存储程序控制系统。在存储程序控制系统中,控制程序的修改不需要改变控制器内部的接线(即硬件),而只需通过编程器改变程序存储器中的某些程序语言的内容。

可编程控制器就是一种存储程序控制器,其输入设备和输出设备与接触器-继电器控制系统的相同,但它们直接连接到可编程控制器的输入端子和输出端子(可编程控制器的输入和输出接口已经做好,接线简单、方便),如图 1-14 所示。在可编程控制器构成的控制系统中,实现一个控制任务,同样需要针对具体的控制对象,分析控制系统要求,确定所需的用户输入/输出设备,然后运用相应的编程语言(如梯形图、语句表、控制系统流程图等)编制出相应的控制程序,利用编程器或其他设备(如EPROM 写入器、与 PLC 相连的个人计算机等)写入可编程控制器的程序存储器中。每条程序语句确定一个顺序,运行时 CPU 依次读取存储器中的程序语句,对它们的内容解释并加以执行;执行结果用以驱动输出设备,控制被控对象工作。可编程控制器是通过软件实现控制逻辑的,能够适应不同控制任务的需要,通用性强,使用灵活,可靠性高。

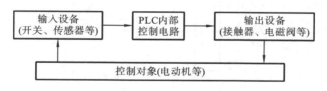

图 1-14　PLC 构成的存储程序控制系统

2) PLC 的等效电路

由图 1-14 可知,PLC 构成的存储程序控制系统由输入设备、PLC 内部控制电路、输出设备三部分组成。

输入设备:连接到 PLC 的输入端,它们直接接收来自操作台上的操作命令或来自被控对象的各种状态信息,产生输入控制信号送入可编程控制器。常用的输入设备包括控制开关和传感器。控制开关可以是按钮开关、限位开关、行程开关、光电开关、继电器和接触器的触点等。传感器包括各种数字式和模拟式传感器,如光栅位移式传感器、磁尺、热电阻、热电偶等。

PLC 内部控制电路:采用大规模集成电路制作的微处理器和存储器,执行按照被控对象的实际要求编制并存入程序存储器中的程序,完成控制任务。

输出设备:与 PLC 的输出端相连。它们用来将可编程控制器的输出控制信号转换为驱动被控对象工作的信号。常用的输出设备包括电磁开关、电磁阀、电磁继电器、电磁离合器和状态指示部件等。

输入部分采集输入信号,输出部分就是系统的执行部分,这两部分与接触器-继电器控制系统的相同。PLC 内部控制电路是由编程实现的逻辑电路,用软件编程代替继电器的功能。对于使用者来说,在编制应用程序时,可以不考虑微处理器和存储器的复杂构成及使用的计算机语言,而把 PLC 看成是内部由许多"软继电器"组成的控制器,用近似继电器控制线路图的编程语言进行编程。这样从功能上讲就可以把 PLC 的控制部分看作是由许多"软继电器"组成的等效电路,这些"软继电器"的线圈、常开触点、常闭触点一般用图 1-15 所示的符号表示,PLC 的等效电路如图 1-16 所示。

线圈　　　　　　常开触点　　　　　　常闭触点

图 1-15　"软继电器"的线圈和触点

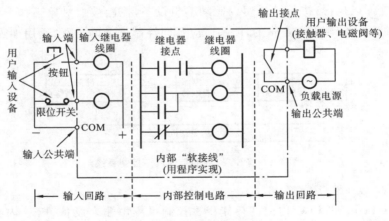

图 1-16　PLC 的等效电路

下面对 PLC 等效电路的各组成部分作简要分析。

(1) 输入回路。

这一部分由外部输入电路、PLC 输入接线端子和输入继电器组成。外部输入信号经 PLC 输入接线端子驱动输入继电器。一个输入端子对应一个等效电路中的输入继电器,它可提供任意多个常开和常闭触点,供 PLC 内部控制电路编程时使用。由于输入继电器反映输入信号的状态,如输入继电器接通即表示传送给 PLC 一个接通的输入信号,因此习惯上经常将两者等价使用。输入回路的电源可用 PLC 电源部件提供的直流电压,也可由独立的交流电源供电。

（2）内部控制电路。

这部分电路是由用户程序形成的。它的作用是按照程序规定的逻辑关系,对输入信号和输出信号的状态进行运算、处理和判断,然后得到相应的输出。用户程序通常采用梯形图编写,梯形图在形式上类似于继电器控制原理图,两者在电路结构及线圈与接点的控制关系上都大致相同,只是梯形图中元件符号及其含义与继电器控制回路中的元件符号及其含义不同。有关梯形图的特点及编程方法将在后面详细介绍。

（3）输出回路。

输出部分是由与内部控制电路隔离的输出继电器的外部常开触点、输出接线端子和外部电路组成的,用来驱动外部负载。

PLC 内部控制电路中有许多输出继电器。每个输出继电器除了有为内部控制电路提供编程用的常开、常闭触点外,还为输出电路提供了一个常开触点与输出接线端相连。驱动外部负载的电源由用户提供。在 PLC 的输出端子排上,有接输出电源用的公共端。需要注意的是,PLC 等效电路中的继电器并不是实际的物理继电器（硬继电器）,它实际上是存储器中的每一位触发器。该触发器为"1"态,则相当于继电器接通;该触发器为"0"态,则相当于继电器断开。在 PLC 提供的所有继电器中,输入继电器用来反映输入设备的状态,也可以将其看成是输入信号本身;输出继电器用来直接驱动用户输出设备,而其他继电器与用户设备没有联系,在控制程序中仅起传递中间信号的作用,因此统称为内部继电器,如辅助继电器、特殊功能继电器、定时器、计数器等。PLC 的所有继电器统称 PLC 的元素,其使用及编程方法将在后面详细介绍。

9. 可编程控制器的编程语言

PLC 作为一个工业控制计算机,采用软件编程逻辑代替传统的硬件有线逻辑实现控制。其编程语言是面向被控对象和面向操作者的,易于为熟悉继电器控制电路的广大电气技术人员所掌握。通常 PLC 的编程语言有梯形图语言、指令助记符语言、控制系统流程图语言（功能图编程语言）、布尔代数语言等,大型 PLC 还可用高级语言。

不同厂家,甚至不同型号的 PLC 产品使用的编程语言及编程语言中所采用的符号也不尽相同。

1）梯形图语言

梯形图语言是在接触器-继电器控制原理的基础上演变而来的一种图形语言,它形象、直观,为广大电气人员所熟悉,是中、小型 PLC 的主要程序语言。它将 PLC 内部的各种编程元件(如输入继电器、输出继电器、内部继电器、定时器、计数器等)、命令用特定的图形符号和标注加以描述,并赋予一定的意义,如图 1-17 所示。

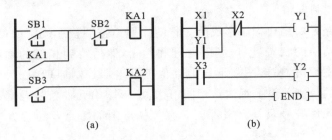

图 1-17　梯形图

(a)继电器接线图;(b)PLC 梯形图

　　PLC 梯形图中的继电器、定时器等已不是物理意义上的设备,而是存储器中的存储位,也即为软器件。其连线也称为软连接。每个 PLC 内部的软器件的触点可有无数个,而不是像继电器的硬触点为有限个。

　　(1)梯形图构成规则。

　　梯形图中的 || 和 |/| 符号分别表示常开和常闭触点,它们既可以是外部开关(硬开关),也可以表示内部的软开关或接点(即"软器件"接点),每个开关都有一个标号(如 X1、X2、X3)以示区别,同一标号的开关可多次使用。┤├符号为输出线圈(软器件线圈),标号为 Y1、Y2 等,每个标号只能用一次。

　　(2)梯形图编程的格式和特点。

　　① 梯形图按自左至右、自上至下的顺序书写,CPU 也是按以上顺序执行程序。

　　② 每个梯形图由多层梯级(或称逻辑行)组成,每层梯级(即逻辑行)起始于左母线,经过触点的各种连接,最后通过一个继电器线圈终止于右母线。

　　③ 梯形图中左、右两边的竖线(称为左、右母线)表示假想的逻辑电源,当某一梯级的逻辑运算结果为"1"时,表示有"概念"电流自左向右流动。

　　④ 梯形图中某一编号的继电器线圈一般情况下只能出现一次(除了有跳转指令和步进指令等的程序段以外),而同一编号的继电器常开、常闭触点则可被无限次使用(即重复读取与该继电器对应的存储单元状态)。

　　⑤ 梯形图中每一梯级的运算结果,可立即被其后面的梯级所利用。

　　⑥ 输入继电器仅受外部输入信号控制,不能由各种内部接点驱动,因此梯形图中只出现输入继电器的接点,而不出现输入继电器的线圈。

　　⑦ PLC 的内部辅助继电器、定时器、计数器等的线圈不能用于输出控制之用。

　　⑧ 程序结束时应有结束符,用"END"表示。

（3）绘制梯形图要遵循的规则和设计技巧。

① 梯形图好似接触器-继电器控制展开图,控制电源的高电位接最左侧竖母线,低电位接最右侧竖母线。一旦回路导通,电流从左侧流向右侧,使继电器线圈励磁动作。

② 梯形图中控制一个继电器线圈的逻辑电路为一个逻辑行,各逻辑行中所有接点全部在线圈左边,右边不能有接点符号,由于线圈总与右侧母线相连,习惯上常可将右侧母线省略,线圈不能直接与左母线连接,必须通过触点连接。根据上述原则,故应将图1-18(a)所示的梯形图改为图1-18(b)所示的形式。

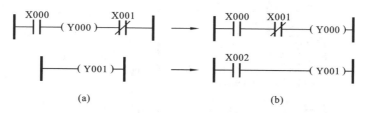

(a)　　　　　　　　　　　　(b)

图1-18　线圈右边无触点

③ 程序的编写应按自上而下、从左到右的方式进行,梯形图的顺序应体现"左重右轻、上重下轻"的原则。串联多的电路尽量放在上部,并联多的电路图尽量靠近左母线。根据这一原则,应将图1-19(a)所示的梯形图改为图1-19(b)所示的形式。

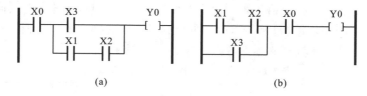

(a)　　　　　　　　　　　　(b)

图1-19　梯形图

④ 梯形图中不允许画电流交叉的电路,如应将图1-20(a)所示的梯形图改为图1-20(b)所示的形式。

⑤ 每个元件的触点可以多次使用(无数次),不必设计技巧性很强的程序结构,而应设计易读、易懂、便于维护的程序。

⑥ 输出线圈只能使用一次,如重复使用同名线圈则以最后一次的状态作为输出结果,故图1-21(a)所示的梯形图必须改为图1-21(b)所示的形式。

2）指令助记符语言

梯形图编程虽然直观、方便,但PLC须配有较大的显示器才能输入图形符号,而小型机,特别是在生产现场编制调试程序时,常要借助于编程器。由于它的显示屏

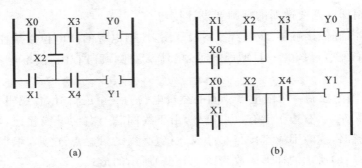

图 1-20　梯形图

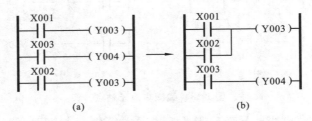

图 1-21　线圈不能重复使用

小,因而采用的是助记符语言。这是一种类似微机的汇编语言的助记符编程表达式。不同厂家的 PLC 指令语句表所使用的助记符并不相同,但基本上大同小异。编程时,一般先根据要求编制梯形图,然后再根据梯形图转换成助记符语言。表 1-1 所示为三菱公司 FX$_{2N}$ 系列最基本的 6 条指令。

表 1-1　PLC 的 6 条基本指令及其助记符

名　　称	助　记　符	功　　能
初始加载	LD	将常开触点与母线连接
与	AND	串联常开触点
或	OR	并联常开触点
非	INV	输入变量取反
输出	OUT	输出逻辑运算结果
结束	END	结束程序

表 1-2 所示为图 1-22 所示梯形图的指令助记符表。

表 1-2 图 1-22 所示梯形图的指令助记符表

地址	指令	注释
0	LD X0	逻辑行开始,将常开触点 X0 与母线连接
1	ANI X1	串联常闭触点 X1
2	OR X2	并联常开触点 X2
3	OUT Y0	输出 Y0,本逻辑行结束
4	END	程序结束

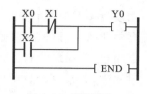

图 1-22 梯形图

3)功能图编程语言

这是一种较新的编程方法。它用像控制系统流程图一样的功能图表达一个控制过程。目前国际电工协会正在实施发展这种新式的编程标准。不同厂家的 PLC 对这种编程语言所用的符号和名称也不一样。三菱公司的 PLC 产品中把这种编程语言称为功能图编程语言,富士公司的 PLC 产品中把这种编程语言称为顺序功能图,而西门子的 PLC 产品中把这种编程语言则称为控制系统流程图编程语言。图 1-23 所示是一个先"与"后"或"操作的功能图编程语言图,其优点如下。

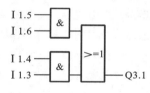

图 1-23 功能图编程语言

(1)特别适宜顺序系统的设计,可以灵活地控制系统流程,实现复杂控制。

(2)易于将传统的手控方式选择和自动运行等多种工作模式结合在一起。

(3)有利于提高程序的效率。

(4)程序的可读性好,容易调试和修改。

4)高级语言编程

近几年推出的 PLC 产品,尤其是大型 PLC,已开始用 BASIC 高级语言进行编程。有的 PLC 采用类似 PASCAL 语言的专用语言,系统软件具有这种专用语言的自动编译程序。采用高级语言编程后,用户可以像使用普通微机一样操作 PLC。除了完成逻辑功能外,还可以进行 PID 调节、数据采集和处理以及与上位机通信等。

10. 可编程控制器的工作原理

PLC 虽有微机的特点,但它又不完全等同于微机的工作方式,它很重要的一个工作特点就是采用循环扫描。所谓扫描,只不过是一种形象的说法,用来描述 CPU 对程序顺序、分时操作的过程。扫描从第 0 号存储地址所存放的第一条用户程序开始,在无中断或跳转控制的情况下,按存储地址号递增的顺序逐条扫描用户程序,也就是顺序执行程序,直到程序结束,即完成一个扫描周期,然后再从头开始执行用户程序,并周而复始地重复。由于 CPU 的运算速度很快,使得用户程序看起来似乎是同时执行的。

　　PLC 的扫描工作方式与传统的继电器控制系统明显不同。继电器控制装置采用硬逻辑并行运行的方式:在执行过程中,如果一个继电器的线圈通电,那么该继电器的所有常开和常闭触点,无论处在控制线路的什么位置,都会立即动作,其常开触点闭合,常闭触点打开。而 PLC 采用循环扫描控制程序的工作方式:在 PLC 的工作过程中,如果某个软继电器的线圈接通,该线圈的所有常开和常闭触点并不一定都会立即动作,只有 CPU 扫描到该触点时才会动作,其常开接点闭合,常闭触点断开。

　　PLC 的工作过程如图 1-24 所示。

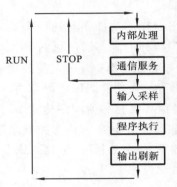

图 1-24　PLC 工作过程图

　　当送电后 PLC 首先作内部处理,清除输入/输出状态寄存器中的内容;然后作自诊断,检测 CPU 及 I/O 组件状态,确认正常后,进行通信操作,完成各外接设备(如编程器、打印机、扩展单元等)的通信连接,检查是否有中断请求,若有则作相应处理。当 PLC 处于 RUN 时,依次作循环扫描的 3 个阶段,即输入采样、程序执行和输出刷新。当 PLC 处于 STOP 时,它只作内部处理和通信操作。

　　1) 输入采样阶段

　　此时 CPU 扫描全部输入端口,顺序读取所有输入端口状态,并将其写入输入映像寄存器。此时输入映像寄存器被刷新,为程序执行阶段做好准备。当进入程序执行阶段后,若输入端发生变化,但变化后的状态信息不会进入输入映像寄存器,则映像寄存器与输入端口隔离,只有在下一个扫描周期的输入采样阶段端口信息才被读入。

　　2) 程序执行阶段

　　CPU 从第 1 条指令开始,按先左后右、先上后下的顺序逐条执行程序,并从输入映像寄存器中获取有关数据,并根据用户程序进行逻辑运算,把运算结果存入对应的内部辅助寄存器和输出映像寄存器中。当最后一条控制程序执行完毕后,即转入输出刷新阶段。

　　3) 输出刷新阶段

　　当所有指令都扫描处理完后,将输出映像寄存器中所有输出继电器的状态信息转存到输出锁存器中,刷新其内容,然后通过隔离电路改变输出端子上的状态以驱动被控设备。

　　综上所述,PLC 对输入/输出处理方面遵循以下规则。

　　(1)输入状态映像寄存器中的数据取决于端子板上各输入端对应的输入锁存器

在上次刷新期间的状态。

（2）程序执行中所需的输入和中间结果状态由输入状态映像寄存器和内部辅助寄存器提供。

（3）输出状态映像寄存器的内容随程序执行过程中与输出变量有关的指令的执行结果而改变。

（4）输出锁存器中的数据由上一次输出刷新阶段时输出状态映像寄存器的内容所决定。

（5）输出端子板上各输出端的通断状态由输出锁存器中的内容所决定。图 1-25 所示反映了扫描处理的全部过程。

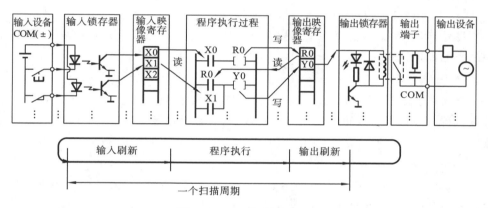

图 1-25　PLC 扫描过程图

扫描周期的定义：PLC 全过程扫描一次所需的时间定为一个扫描周期 T。输入、输出的状态要保持一个周期方可发生变化。

$$T=（读入一点时间×输入点数）+（扫描速度×程序步数）$$
$$+（输出一点时间×输出点数）+内部处理时间$$

扫描周期是 PLC 的一个重要指标，T 的长短主要取决于程序的长短。扫描周期越长，响应速度越慢。每条指令（每步）的扫描周期为 $3\sim60\ \mu s$。小型 PLC 的扫描周期一般为十到几十毫秒，即每秒可扫描数十次。对被控对象来说，扫描过程几乎是同时完成。毫秒级的扫描时间对于一般工业设备通常是足够了，这点响应滞后非但无害，反而可增强系统的抗干扰能力，避免执行机构频繁动作而引起的工艺过程波动。但对某些控制时间要求严格、I/O 快速响应的设备，则应通过选用高速 CPU，采用快速响应模块、高速计数模块，不同的中断处理等级和精心编制程序来满足要求。

11. 可编程控制器的主要技术指标

根据控制对象的要求,PLC 机型通常要根据 PLC 的技术指标来作决定,各厂家的 PLC 产品的技术性能不尽相同,各有特色,在此只对一些基本的技术性能作一介绍。

1) I/O 点数

I/O 点数指 PLC 外部的输入/输出端的数目,它是衡量 PLC 可接收输入信号和输出信号数量的能力,是一项很重要的指标。PLC 的 I/O 点数包括主机的基本 I/O 点数和最大扩展点数,如松下 FPl-C40 型主机 I/O 点数为 24/16(输入 24 点,输出 16 点,共 40 点),另外可配两个 40 点(24/16)的扩展模块,则输入为(24+24×2)点=72 点,输出为(16+16×2)点=48 点,最大 I/O 点数为(72+48)点=120 点。

另外,PLC 的 I/O 有开关量和模拟量两种,开关量用最大 I/O 点数表示,模拟量用最大 I/O 通道数表示。

2) 扫描速度

扫描速度是指 PLC 执行用户程序的速度,也是衡量 PLC 性能的重要指标。通常以执行一步指令的时间计,单位为 $\mu s/$步,有时也以执行 1000 步指令时间计,则单位为 ms/千步。例如,松下电工的 FPl 型 PLC 的扫描速度为 1.6 $\mu s/$步。

3) 内存容量

一般以 PLC 所能存放用户程序多少来衡量内存容量。在 PLC 中程序指令是按"步"存放的(一条指令往往不止一"步"),一"步"占用一个地址单元,即两个字节,如一个内存容量为 1000"步"的 PLC 可推知其内存为 2 KB。

"内存容量"实际是指用户程序容量,它不包括系统程序存储器的容量。

4) 指令系统

指令系统的指令种类和条数是衡量 PLC 软件功能强弱的重要指标,PLC 指令种类越多,则说明它的软件功能越强。PLC 的指令系统可分为基本功能指令和高级指令两大类。

5) 内部寄存器

PLC 内部有许多寄存器,用以存放变量状态、中间结果和数据等。还有许多辅助寄存器给用户提供特殊功能,以简化整个系统设计,因此寄存器的配置情况常是衡量 PLC 硬件功能的一个指标。

6) 编程语言

编程语言一般有梯形图、指令助记符(指令语句表)、控制系统流程图语言、高级语言等,不同的 PLC 提供不同的编程语言。

7）编程手段

编程手段包括手持编程器、CRT 编程器、计算机编程器及相应编程软件。

8）功能模块

PLC 除了主控模块（又称为主机或主控单元）外，还可以配接各种功能模块。主控模块可实现基本控制功能，功能模块的配置则可实现一些特殊的专门功能。因此，功能模块的配置反映了 PLC 的功能强弱，是衡量 PLC 产品档次高低的一个重要标志。目前各生产厂家都在开发功能模块上下工夫，使其发展很快，种类日益增多，功能也越来越强。常用的功能模块主要有：A/D 和 D/A 转换模块、高速计数模块、位置控制模块、速度控制模块、轴定位模块、温度控制模块、远程控制模块、高级语言编辑模块以及各种物理量转换模块等。

这些功能模块使 PLC 不但能进行开关量顺序控制，而且能进行模拟量控制、定位控制和速度控制，还有了网络功能，实现 PLC 之间、PLC 与计算机的通信，可直接用高级语言编程，给用户提供了强有力的工具。

9）其他

除以上基本性能外，不同 PLC 还有一些其他指标，如输入/输出方式、自诊断通信联网、远程 I/O 监控、主要硬件型号、工作环境及电源等级等。

四、任务拓展

查找相关资料，比较 PLC 控制系统与继电器控制系统、单片机控制系统、微型计算机控制系统各自的优缺点。

提示：可以从工作的可靠性、控制速度、工作环境、编程语言、工作方式、价格等方面进行比较。

五、巩固与提高

（1）什么是可编程控制器？它有哪些主要特点？

（2）简述 PLC 的应用范围。

（3）PLC 是如何分类的？

（4）简述 PLC 的发展趋势。

（5）为提高抗干扰能力，PLC 在其软件、硬件方面都采取了哪些重要措施？

（6）PLC 主要由哪几部分组成，各组成部分的作用如何？

（7）PLC 常用的存储器有哪几种？各有什么特点？用户存储器主要用来存储什么信息？

（8）PLC 的等效电路由哪几部分组成？等效电路中的继电器与实际的物理继电器有什么不同？

（9）PLC 有哪几种编程语言？其中使用最多的是哪两种？

（10）PLC 的工作过程分为哪几个阶段？每一个阶段的作用是什么？

（11）什么叫 PLC 的扫描周期？其长短与什么有关？

（12）PLC 常见技术指标有哪些？

（13）指出图 1-26 所示梯形图的错误，并画出正确的梯形图。

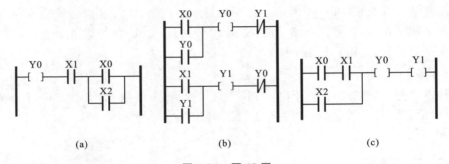

(a)　　　　　　　　(b)　　　　　　　　(c)

图 1-26　题 13 图

（14）试按"左重右轻、上重下轻"的原则将图 1-27 所示的梯形图改画（逻辑关系不能改变）。

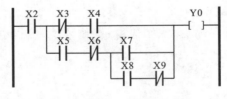

图 1-27　题 14 图

第二单元　三菱 FX$_{2N}$系列 PLC 的硬件资源

一、学习目标

知识目标
（1）掌握三菱 FX$_{2N}$系列 PLC 软组件的特点、用法。
（2）掌握三菱 FX$_{2N}$系列 PLC 基本组成。
（3）理解 PLC 的软组件与实际的电气元器件的区别。

能力目标
（1）能够熟练运用三菱 FX$_{2N}$系列 PLC 的软组件。
（2）能够认识 FX$_{2N}$系列 PLC 面板，正确进行接线操作和程序输入。

二、任务导入

日本三菱电机公司（MITSUBISHI）于 1971 年开始研制 PLC，主要有 F1、F2、FX、K、A 等十几个系列几十种产品，在我国（主要是华东和华南地区）的工业控制领域具有一定的市场占有率。近年来推出的 FX 系列 PLC 有 FX$_0$、FX$_2$、FX$_{0S}$、FX$_{0N}$、FX$_{2C}$、FX$_{1S}$、FX$_{1N}$、FX$_{2N}$、FX$_{2N}$C 等系列型号。本系列 PLC 具有以下特点。

1. 先进美观的外部设计

三菱公司 FX 系列 PLC 吸收了整体式和模块式可编程控制器的优点，它的基本单元、扩展单元和扩展模块的高度和宽度相同。它们的相互连接不用基板，仅用扁平电缆连接，紧密拼装组成一个整齐的长方体。其体积小，很适合在机电一体化产品中应用。

2. 提供多种系列机型供用户选择

FX$_{0S}$、FX$_{0N}$和 FX$_{2N}$外观很相似，仅性能和价格上有差别（见表 2-1）。

表 2-1   **FX₀ₛ、FX₀ₙ和FX₂ₙ的性能比较**

型号	I/O 点数	用户程 序步数	功能指令 /条	通信 功能	基本指令 执行时间 /μs	模拟量 模块	基本指令 /条	步进指令 /条
FX₀ₛ	10～30	800 步 EPROM	50	无	1.6～3.6	无	20	2
FX₀ₙ	24～128	2000 步 EPROM	55	较强	1.6～3.6	有	20	2
FX₂ₙ	16～256	内附 8 KB RAM	298	强	0.08	有	27	2

  FX₀ₛ的功能简单实用,价格便宜,可用于小型开关量控制系统;FX₀ₙ可用于要求较高的中小型控制系统;FX₂ₙ的功能最强,可用于要求较高的系统。由于不同的 FX 系列 PLC 可供不同的用户系统选用,避免了功能上的浪费,使用户能用最少的投资来满足系统的要求。

  3. 灵活多变的系统配置

  FX 系列 PLC 的系统配置灵活,用户除了可以选用不同型号的 FX 系列 PLC 外,还可以选用各种扩展单元和扩展模块,组成不同 I/O 点和不同功能的控制系统。

  掌握 FX 系列 PLC 的硬件资源是熟练运用本系列 PLC 的前提,本单元重点介绍 FX₂ₙ系列 PLC 的系统配置、基本组成和内部资源。

三、相关知识

1. FX 系列 PLC 的系统配置

1) FX 系列 PLC 型号名称的含义

FX 系列 PLC 型号命名的基本格式如下。

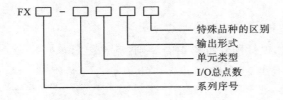

FX □ - □ □ □ □
　　　　　　　　　　特殊品种的区别
　　　　　　　　　　输出形式
　　　　　　　　　　单元类型
　　　　　　　　　　I/O总点数
　　　　　　　　　　系列序号

FX 各参数意义如下。

系列序号:0、2、0N、2C、2N,即 FX$_0$、FX$_2$、FX$_{0N}$、FX$_{2C}$、FX$_{2N}$。

I/O 总点数:16～256 点。

单元类型:M——基本单元;

　　　　　E——输入/输出混合扩展单元及扩展模块;

　　　　　EX——输入专用扩展模块;

　　　　　EY——输出专用扩展模块。

输出形式:R——继电器输出;

　　　　　T——晶体管输出;

　　　　　S——晶闸管输出。

特殊品种区别:D——DC 电源,DC 输入;

　　　　　　　A1——AC 电源,AC 输入;

　　　　　　　H——大电流输出扩展模块(1 A/点);

　　　　　　　V——立式端子排的扩展模块;

　　　　　　　C——接插口输入/输出方式;

　　　　　　　F——输入滤波器为 1 ms 的扩展模块;

　　　　　　　L——TTL 输入型扩展模块;

　　　　　　　S——独立端子(无公共端)扩展模块。

若特殊品种缺省,通常指 AC 电源、DC 输入、横式端子排。其中继电器输出,2 A/点;晶体管输出,0.5 A/点;晶闸管输出,0.3 A/点。

例如,FX$_{2N}$-40MRD 的参数意义为三菱 FX$_{2N}$ PLC,有 40 个 I/O 点的基本单元,继电器输出型,使用 DC 24 V 电源。

2) FX 系列 PLC 的基本组成

FX 系列 PLC 是由基本单元、扩展单元及特殊功能单元构成。基本单元包括 CPU、存储器、I/O 接口部件和电源,它是 PLC 的主要组成部分。扩展单元是扩展 I/O 点数的装置,内部有电源;扩展模块用于增加 I/O 点数和改变 I/O 点数的比例,内部无电源,由基本单元和扩展单元供给。扩展单元和扩展模块内无 CPU,必须与基本单元一起使用。特殊功能单元是一些特殊用途的装置,如进行模拟量控制的 A/D、D/A 转换模块,高速计数模块(HC),过程控制模块(PID)等特殊功能单元。下面以 FX$_{2N}$系列为例具体介绍 PLC 的组成。

FX$_{2N}$是 FX 系列中功能最强、速度最快的微型可编程控制器。其基本单元如表 2-2 所示,扩展单元如表 2-3 所示,扩展模块如表 2-4 所示。用户存储器容量可扩展到 16 KB。I/O 点最大可扩展到 256 点。它有 27 条基本指令,其基本指令的执行速度超过了很多大型 PLC。PLC 有很多特殊功能模块,如模拟量输入/输出模块、高速计数模块、脉冲输出模块、位置控制模块,如表 2-5 所示,还有多种 RS-232C/RS-422/RS-485 串行通信模块或功能扩展模块。使用特殊功能模块和功能扩展模板,可实现模拟量控制、位置控制和联网通信等功能。

　　FX_{2N} 系列 PLC 有 3000 多点辅助继电器、1000 多点状态继电器、200 多点定时器、200 多点 16 位加计数器、35 点 32 位加/减计数器、8000 多点 16 位数据寄存器、128 点跳步指针、15 点中断指针。这为应用程序的设计提供了丰富的资源。

表 2-2　　FX_{2N} 系列 PLC 基本单元

型　　　　号			输入点数	输出点数	扩展模块可用点数
继电器输出	可控硅输出	晶体管输出			
FX_{2N}-16MR-001	FX_{2N}-16MS-001	FX_{2N}-16MT-001	8	8	24～32
FX_{2N}-32MR-001	FX_{2N}-32MS-001	FX_{2N}-32MT-001	16	16	24～32
FX_{2N}-48MR-001	FX_{2N}-48MS-001	FX_{2N}-48MT-001	24	24	48～64
FX_{2N}-64MR-001	FX_{2N}-64MS-001	FX_{2N}-64MT-001	32	32	48～64
FX_{2N}-80MR-001	FX_{2N}-80MS-001	FX_{2N}-80MT-001	40	40	48～64
FX_{2N}-128MR-001	—	FX_{2N}-128MT-001	64	64	48～64

表 2-3　　FX_{2N} 系列 PLC 扩展单元

型　　　　号			输入点数	输出点数	扩展模块可用点数
继电器输出	可控硅输出	晶体管输出			
FX_{2N}-32ER	FX_{2N}-32ES	FX_{2N}-32ET	16	16	24～32
FX_{2N}-48ER	—	FX_{2N}-48ET	24	24	48～64

表 2-4　　FX_{2N} 系列 PLC 扩展模块

型　　　　号				输入点数	输出点数
输　入	继电器输出	可控硅输出	晶体管输出		
FX_{2N}-16EX	—			16	—
FX_{2N}-16EX-C	—			16	—
FX_{2N}-16EXL-C	—			16	—
—	FX_{2N}-16EYR	FX_{2N}-16EYS	—	—	16
—			FX_{2N}-16EYT	—	16
—			FX_{2N}-16YET-C	—	16

表 2-5　FX$_{2N}$系列 PLC 特殊功能模块

种　　类	型　　号	功 能 概 要
特殊功能单元	FX$_{2N}$-10GM	1 轴用定位单元
	FX$_{2N}$-20GM	2 轴用定位单元
	FX$_{2N}$-1RM-E-SET	旋转角度检测单元
模拟量 输入模块	FX$_{2N}$-2AD	2 通道模拟量输入
	FX$_{2N}$-4AD	4 通道模拟量输入
	FX$_{2N}$-4AD-PT	4 通道温度传感器信号输入（pt100）
	FX$_{2N}$-4AD-TC	4 通道温度传感器信号输入（热电偶）
模拟量 输出模块	FX$_{2N}$-2DA	2 通道模拟量输出
	FX$_{2N}$-4DA	4 通道模拟量输出
功能扩展板	FX$_{2N}$-8AV-BD	电位器扩展板（8 点）
	FX$_{2N}$-232-BD	RS-232 通信扩展板
	FX$_{2N}$-422-BD	RS-422 通信扩展板
	FX$_{2N}$-485-BD	RS-485 通信扩展板
	FX$_{2N}$-CNV-BD	连接通信适配器用的板卡

2. 三菱 FX$_{2N}$系列 PLC 实物认知

1）认识 FX$_{2N}$系列 PLC 面板

图 2-1 所示为三菱 FX$_{2N}$系列 PLC 面板，主要包含型号（Ⅰ区）、状态指示灯（Ⅱ区）、模式转换开关与通信接口（Ⅲ区）、PLC 的电源端子与输入端子（Ⅳ区）、输入指示灯（Ⅴ区）、输出指示灯（Ⅵ区）、输出端子（Ⅶ区）。

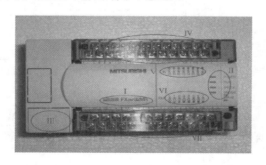

图 2-1　FX$_{2N}$系列 PLC 面板实物图

FX$_{2N}$系列 PLC 的面板由三部分组成，即外部接线端子、指示部分和接口部分，各部分的组成及功能如下。

(1) 外部接线端子:如图 2-1 中Ⅳ和Ⅶ,外部接线端子包括 PLC 电源(L、N)、输入用直流电源(24+、COM)、输入端子(X)、输出端子(Y)和机器接地等。其中,L、N 是 PLC 的电源输入端子,额定电压为 AC 100~240 V(电压允许范围 AC 85~264 V),50/60 Hz;24+、COM 是机器为输入回路提供的直流 24 V 电源,为减少接线,其正极在机器内已与输入回路连接。当某输入点需给定输入信号时,只需将 COM 通过输入设备接至对应的输入点。一旦 COM 与对应点接通,该点就为 ON,此时对应输入指示灯就点亮。接地端子用于 PLC 的接地保护,它们位于机器两侧可拆卸的端子板上,每个端子均有对应的编号,主要用于电源、输入信号和输出信号的连接。

(2) 指示部分:图 2-1 中Ⅰ、Ⅱ、Ⅴ和Ⅵ,指示部分包括各输入/输出点的状态指示、机器电源指示(POWER)、机器运行状态指示(RUN)、用户程序存储器后备电池指示(BATT.V)和程序错误或 CPU 错误指示(PROG-E、CPU-E)等,用于反映 I/O 点和机器的状态。

(3) 接口部分:图 2-1 中的Ⅲ区,主要包括编程器接口、存储器接口、扩展接口和特殊功能模块接口等。在机器面板上,还设置了一个 PLC 运行模式转换开关 SW (RUN/STOP),RUN 使机器处于运行状态(RUN 指示灯亮);STOP 使机器处于停止运行状态(RUN 指示灯灭)。当机器处于 STOP 状态时,可进行用户程序的录入、编辑和修改。接口的作用是完成基本单元与编程器、外部存储器、扩展单元和特殊功能模块的连接,在 PLC 技术应用中会经常用到。

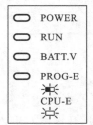

图 2-2 FX₂ₙ 系列 PLC 状态指示图

2) FX₂ₙ 系列 PLC 的状态指示灯

FX₂ₙ 系列 PLC 提供 4 盏状态指示灯来体现 PLC 当前的工作状态,如图 2-2 所示,其含义如表 2-6 所示。

表 2-6 PLC 的状态指示灯含义

指 示 灯	指示灯的状态与当前运行的状态
POWER:电源指示灯(绿灯)	PLC 接通 220 V 交流电源后,该灯点亮。正常时仅有该灯点亮,表示 PLC 处于编辑状态
RUN:运行指示灯(绿灯)	当 PLC 处于正常运行状态时,该灯点亮
BATT.V:内部锂电池电压低指示灯(红灯)	如果该指示灯点亮,说明锂电池电压不足,应更换

指　示　灯	指示灯的状态与当前运行的状态
PROG-E（CPU-E）：程序出错指示灯（红灯）	如果该指示灯闪烁，说明出现以下类型的错误： （1）程序语法错误； （2）锂电池电压不足； （3）定时器或计数器未设置常数； （4）干扰信号使程序出错； （5）程序执行时间超出允许时间，此灯连续亮

3）FX₂ₙ系列 PLC 的模式转换开关与通信接口

模式转换开关用来改变 PLC 的工作模式，PLC 电源接通后，将转换开关拨到 RUN 位置上，则 PLC 的运行指示灯（RUN）发亮，表示 PLC 正处于运行状态；将转换开关拨到 STOP 位置上，则 PLC 的运行指示灯（RUN）熄灭，表示 PLC 正处于停止状态，如图 2-3 所示。

图 2-3　FX₂ₙ系列 PLC 模式切换接口图

通信接口用来连接手持式编程器或计算机，通信线一般有手持式编程器通信线和计算机通信线两种。通信线与 PLC 连接时，务必注意通信线接口内的"针"与 PLC 上的接口正确对应后才可将通信线接口用力插入 PLC 的通信接口，避免损坏接口，如图 2-4 所示。

图 2-4　PLC 通信线接口

4）FX$_{2N}$系列 PLC 的电源端子、输入端子与输入指示灯

如图 2-5 所示，输入接口侧主要由 PLC 外部电源端子、输入端子和输入指示灯三部分组成。

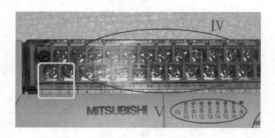

图 2-5　FX$_{2N}$系列 PLC 输入端子

外部电源端子：图 2-5 所示方框内的端子为 PLC 的外部电源端子（L、N、地），通过这部分端子外接 PLC 的外部电源（AC 220 V）。

输入公共端子 COM：在外接传感器、按钮、行程开关等外部信号元件时必须接的一个公共端子。

＋24 V 电源端子：PLC 自身为外部设备提供 24 V 的直流电源，多用于三端传感器。

X 端子：为输入（IN）继电器的接线端子，是将外部信号引入 PLC 的必经通道。

输入指示灯：为 PLC 的输入（IN）指示灯，PLC 有正常输入时，对应输入点的指示灯亮。

5）FX$_{2N}$系列 PLC 的输出端子与输出指示灯

PLC 的输出端子与输出指示灯如图 2-6 所示。

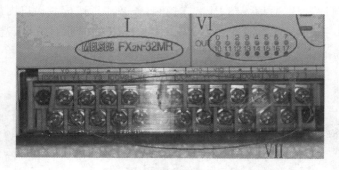

图 2-6　FX$_{2N}$系列 PLC 输出端子

输出公共端子 COM：为 PLC 输出公共端子，它是在 PLC 连接交流接触器线圈、电磁阀线圈、指示灯等负载时必须连接的一个端子。

Y 端子：为 PLC 的输出(OUT)继电器的接线端子,它是将 PLC 指令执行结果传递到负载侧的必经通道。

输出指示灯：当某个输出继电器被驱动后,则对应的 Y 指示灯就会点亮。

6) FX$_{2N}$ 系列 PLC 的输入/输出回路

(1) I/O 点的类别、编号及使用说明。

I/O 端子是 PLC 与外部输入、输出设备连接的通道。输入端子(X)位于机器的一侧,而输出端子(Y)位于机器的另一侧。I/O 点的数量、类别随机器型号的不同而不同,但编号规则完全相同。FX$_{2N}$ 系列 PLC 的 I/O 点编号采用八进制,即 000～007、010～017、020～027 等,输入点前面加"X",输出点前面加"Y"。扩展单元和 I/O 扩展模块,其 I/O 点编号应紧接基本单元的 I/O 编号之后,依次分配编号。

I/O 点的作用是将 I/O 设备与 PLC 进行连接,使 PLC 与现场设备构成控制系统,以便从现场通过输入设备(元件)得到信息(输入),或将经过处理后的控制命令通过输出设备(元件)送到现场(输出),从而实现自动控制的目的。

为适应控制的需要,PLC 的 I/O 具有不同的类别。其输入分为直流输入和交流输入两种形式；输出分为继电器输出、可控硅输出和晶体管输出三种形式。继电器输出和可控硅输出适用于大电流输出场合；晶体管输出、可控硅输出适用于快速、频繁动作的场合。在获得相同驱动能力的情况下,采用继电器输出形式价格较低。

(2) 输入回路及接线。

输入回路的连接如图 2-7 所示。输入回路的实现是将 COM 通过输入元件(如按钮、转换开关、行程开关、继电器的触点、传感器等)连接到对应的输入点上,再通过输入点 X 将信息送到 PLC 内部。一旦某个输入元件状态发生变化,对应输入继电器 X 的状态也就随之变化,PLC 在输入采样阶段即可获取这些信息。

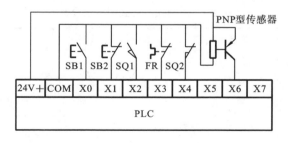

图 2-7　输入回路的连接

(3) 输出回路及接线。

输出回路就是 PLC 的负载驱动回路,输出回路的连接如图 2-8 所示。通过输出点,将负载和负载电源连接成一个回路,这样负载就由 PLC 输出点的 ON/OFF 进行控制,输出点动作负载得到驱动。负载电源的规格应根据负载的需要和输出点的技术规格进行选择。

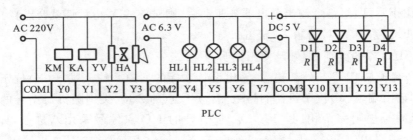

图 2-8   输出回路的连接

在实现输入/输出回路时,应注意如下事项。

① I/O 点的共 COM 问题。一般情况下,每个 I/O 点应有两个端子,为了减少 I/O 端子的个数,PLC 内部已将其中一个 I/O 继电器的端子与公共端 COM 连接。输出端子一般采用每 4 个点共 COM 连接,如图 2-8 所示。

若负载使用相同的电压类型和等级,则将 COM1、COM2、COM3、COM4 用导线短接起来就可以了。

在负载使用不同电压类型和等级时,Y0 ~ Y3 共用 COM1,Y4 ~ Y7 共用 COM2,Y10~Y13 共用 COM3,Y14~Y17 共用 COM4,Y20~Y27 共用 COM5。对于共用一个公共端子的同一组输出,必须用同一电压类型和同一电压等级,但不同的公共端子组可使用不同的电压类型和电压等级。

② 输出点的技术规格。不同的输出类别有不同的技术规格。应根据负载的类别、大小,负载电源的等级、响应时间等选择不同类别的输出形式,详见表 2-7。

表 2-7   三种输出形式的技术规格

项 目	继电器输出	可控硅输出	晶体管输出
机型	FX_{2N}基本单元 扩展单元 扩展模块	FX_{2N}基本单元 扩展模块	FX_{2N}基本单元 扩展单元 扩展模块
内部电源	AC 250 V,DC 30 V 以下	AC 85~242 V	DC 5~30 V
电路绝缘	机械绝缘	光控可控硅管绝缘	光耦合器绝缘
动作显示	继电器螺线管通电时,LED 灯亮	光控可控硅管驱动时,LED 灯亮	光耦合器驱动时,LED灯亮

续表

项　目		继电器输出	可控硅输出	晶体管输出
最大负载	电阻负载	2 A/1 点、8 A/4 点公用、8 A/8 点公用	0.3 A/1 点 0.8 A/4 点	0.5 A/1 点 0.8 A/4 点（Y0、Y1 以外）0.3 A/1 点（Y0、Y1）
	感性负载	80 V·A	15 V·A/AC 100 V 30 V·A/AC 200 V	12 W/DC 24 V（Y0、Y1 以外） 7.2 W/DC 24 V（Y0、Y1）
	灯负载	100 W	30 W	1.5 W/DC 24 V（Y0、Y1 以外） 0.9 W/DC 24 V（Y0、Y1）
开路漏电流		—	1 mA/AC 100 V 2 mA/AC 200 V	0.1 mA/DC 30 V
最小负载		DC 5 V 2 mA（参考值）	0.4 V·A/AC 100 V 1.6 V·A/AC 200 V	—
响应时间	OFF→ON	约 10 ms	1 ms 以下	0.2 ms 以下
	ON→OFF	约 10 ms	10 ms 以下	0.2 ms 以下

3. FX 系列 PLC 内部资源

FX 系列 PLC 内部有 CPU、存储器、输入/输出接口单元等硬件资源,这些硬件资源在其系统软件的支持下,使 PLC 具有很强的功能。对某一特定的控制对象,若用 PLC 进行控制,必须编写控制程序。在 PLC 的 RAM 存储区中应有存放数据的存储单元。由于 PLC 是由接触器-继电器控制系统发展而来的,而且在设计时考虑到便于电气技术人员学习与接受,因此将其存放数据的存储单元用继电器来命名。按存储数据的性质把这些数据存储器 RAM 命名为输入继电器区,输出继电器区,辅助继电器区,状态继电器区,定时器、计数器区,数据寄存器区等。通常把这些继电器称为编程元件,用户在编程时必须了解这些编程元件的符号与编号。表 2-8 所示为 FX$_{2N}$ 系列 PLC 软元件一览表。

表 2-8 FX₂N 系列 PLC 软元件一览表

		FX₂N-16M	FX₂N-32M	FX₂N-48M	FX₂N-64M	FX₂N-80M	FX₂N-128M
输入继电器(X)		8 点	16 点	24 点	32 点	40 点	64 点
输出继电器(Y)		8 点	16 点	24 点	32 点	40 点	64 点
辅助继电器(M)	普通用①	M0～M499,500 点					
	保持用②	M500～M1023,524 点					
	保持用③	M1024～M3071,2048 点					
	特殊用	M8000～M8255,256 点					
状态寄存器(S)	初始化	S0～S9,10 点					
	一般用①	S10～S499,490 点					
	保持用②	S500～S899,400 点					
	信号用③	S900～S999,100 点					
定时器(T)	普通 100 ms	T0～T199,200 点(0.1～3 276.7 s)					
	普通 10 ms	T200～T245,46 点(0.01～327.67 s)					
	积算 1 ms③	T246～T249,4 点(0.001～32.767 s)					
	积算 100 ms③	T250～T255,6 点(0.1～3 276.7 s)					
计数器(C)	16 位加计数(普通)①	C0～C99,100 点(计数范围为:1～32 767 计数器)					
	16 位加计数(保持)②	C100～C199,100 点(计数范围为:1～32 767 计数器)					
	32 位可逆计数(普通)①	C200～C219,20 点(计数范围为:−2 147 483 648～2 147 483 647 计数器)					
	32 位可逆计数(保持)②	C220～C234,15 点(计数范围为:−2 147 483 648～2 147 483 647 计数器)					
	高速计数器②	C235～C255 中的 6 点					
数据寄存器(D)	16 位普通用①	D0～D199,200 点					
	16 位保持用②	D200～D511,312 点					
	16 位保持用③	D512～D7999,7488 点(D1000 以后可以 500 点为单位设置文件寄存器)					
	16 位保持用	D8000～D8195,106 点					
	16 位保持用	V0～V7、Z0～Z7,16 点					

续表

		FX$_{2N}$-16M	FX$_{2N}$-32M	FX$_{2N}$-48M	FX$_{2N}$-64M	FX$_{2N}$-80M	FX$_{2N}$-128M
指针 (N、P、I)	嵌套用	N0～N7,主控用 8 点					
	跳转、子程序用	P0～P127,跳转、子程序用分支指针 128 点					
	输入中断,计时中断	I0××～I8××,9 点					
	计数中断	I010×～I060,6 点					
常数	十进制(K)	16 位:—32 768～32 767					
		32 位:—2 147 483 648～2 147 483 647					
	十六进制(H)	16 位:0～FFFF					
		32 位:0～FFFFFFFF					

注:①表示非电池后备区,通过参数设置可变为电池后备区;

②表示电池后备区,通过参数设置可变为非电池后备区;

③表示电池后备固定区,区域特性不可改变。

需要特别指出的是,不同厂家,甚至同一厂家不同型号的 PLC 的编程元件的数量和种类都不一样,本书以 FX$_{2N}$ 系列为蓝本,介绍 PLC 的内部编程元件。

1) 输入继电器

输入继电器(X)是 PLC 接收外部输入设备输入信号的窗口。每一个输入端子对应一个输入继电器。PLC 通过输入接口将外部输入信号的状态(接通时为"1",断开时为"0")读入并存储在输入映像寄存器中。图 2-9 所示是输入继电器等效电路。

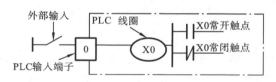

图 2-9　输入继电器等效电路

当外部输入电路接通时,输入继电器 X0 的线圈得电,在内部程序中 X0 的常开触点闭合,常闭触点断开,对应的输入映像寄存器为"1"状态。当外部输入电路断开时,输入继电器 X0 的线圈失电,在内部程序中 X0 的常开触点断开,常闭触点闭合,对应的输入映像寄存器为"0"状态。

输入继电器必须由外部信号驱动,不能用程序驱动,所以在程序中不可能出现其线圈。由于输入继电器为输入映像寄存器的状态,因此其触点的使用次数不限。

FX 系列 PLC 的输入继电器以八进制进行编号,其中 FX$_{2N}$ 系列 PLC 输入继电器的编号范围为 X000～X267(184 点)。其中,基本单元的输入继电器编号是固定的,扩展单元和扩展模块的编号按与基本单元最靠近处顺序进行编号。例如,基本

单元 FX_{2N}-48M 的输入继电器编号范围为 X000～X027(24 点),如果接有扩展单元或扩展模块,则扩展的输入继电器从 X030 开始编号。

2) 输出继电器

输出继电器(Y)是 PLC 向外部负载发送信号的窗口,PLC 输出接口的每一个输出点对应一个输出继电器。输出继电器的线圈只能由程序驱动,每个输出继电器除了为内部控制电路提供编程用的常开、常闭触点外(内部触点使用次数不受限制),还为输出电路提供一个常开触点与输出接线端连接,驱动外部负载动作,如图 2-10 所示。

FX 系列 PLC 的输出继电器也以八进制进行编号,其中 FX_{2N} 系列 PLC 输出继电器的编号范围为 Y000～Y267(184 点)。与输入继电器一样,基本单元的输出继电器编号是固定的,扩展单元和扩展模块的编号按与基本单元最靠近处顺序进行编号。例如,FX_{2N}-48M 的输出继电器编号为 Y000～Y027(24 点),如果接有扩展单元或扩展模块,则扩展的输出继电器从 Y030 开始编号。

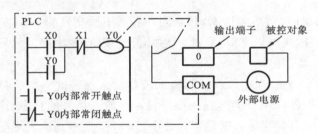

图 2-10　输出继电器等效电路

3) 辅助继电器

PLC 内部有很多辅助继电器,与输出继电器一样,只能由程序驱动,每个辅助继电器也有无数对常开、常闭触点供编程使用。其作用相当于接触器-继电器控制线路中的中间继电器。辅助继电器的触点在 PLC 内部编程时可以任意使用,但它不能直接驱动负载,外部负载必须由输出继电器的输出触点来驱动。FX_{2N} 系列 PLC 的辅助继电器有通用辅助继电器、断电保持辅助继电器和特殊辅助继电器。

(1) 通用辅助继电器。

FX_{2N} 系列 PLC 的通用辅助继电器的元件编号为 M0～M499(采用十进制进行编号),共 500 点。通用辅助继电器没有断电保持功能,如果 PLC 运行时电源突然断电,则全部线圈复位,M0～M499 将全部变为 OFF。若电源再次接通,除了因外部输入信号而变为 ON 的以外,其余的仍保持 OFF 状态。

(2) 断电保持辅助继电器。

与通用辅助继电器不同的是断电保持继电器具有断电保护功能,即当 PLC 在运行中若发生断电时保持其原有的状态,重新通电后再现其状态。M500～M3071 可以用于这种场合。

（3）特殊辅助继电器。

FX$_{2N}$ 系列 PLC 内有 256 个特殊辅助继电器,地址编号为 M8000～M8255,它们用来表示 PLC 上的某些状态,提供时钟脉冲和标志(如进位、借位标志等),设定 PLC 的运行方式,或者用于步进顺控、禁止中断、设定计数器的计数方式等。特殊辅助继电器通常分为两大类。

① 只能利用其接点的特殊辅助继电器。

此类线圈由 PLC 自动驱动,用户只可以利用其接点。例如,

M8000:运行监控。PLC 运行时 M8000 接通,停止执行时 M8000 断开。

M8002:初始化脉冲。仅在 PLC 开始运行的瞬间接通一个扫描周期。M8002 的常开触点通常用于某些元件的复位与清零,也可作为启动条件。

M8011～M8014 分别是 10 ms、100 ms、1 s 和 1 min 的时钟脉冲。

图 2-11 所示为 M8000、M8002 和 M8011 的波形图。

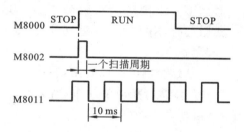

图 2-11　M8000、M8002、M8011 的波形图

② 线圈驱动型特殊辅助继电器。

这类辅助继电器由用户程序驱动其线圈,使 PLC 执行特定的操作,如 M8033、M8034 的线圈等。

M8033 的线圈"通电"时,PLC 由 RUN 状态进入 STOP 状态后,映像寄存器与数据寄存器中的内容保持不变。

M8034 的线圈"通电"时,全部输出被禁止。

M8039 的线圈"通电"时,PLC 以 D8039 中指定的扫描时间工作。

4）状态继电器

状态继电器(S)是一种在步进顺序控制程序中表达"工步"的继电器,是编制顺序控制程序的重要编程元件,它与后续的步进梯形指令 STL 配合使用。通常状态继电器软元件有以下五种类型。

(1) 初始状态继电器 S0～S9,共 10 点。

(2) 回零状态继电器 S10～S19,共 10 点。

(3) 通用状态继电器 S20～S499,共 480 点。

(4) 停电保持状态器 S500～S899,共 400 点。

(5) 报警用状态继电器 S900～S999,共 100 点。

不用步进顺序控制指令时,状态继电器(S)可以作为辅助继电器(M)使用。供报警用的状态继电器可用于外部故障诊断的输出。

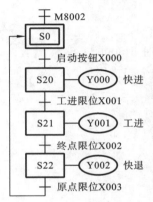

图 2-12　顺序功能图

图 2-12 所示为某机床刀具进给的顺序功能图。PLC 运行后,通过初始化脉冲 M8002 使初始状态继电器 S0 置位;当按下启动按钮时,X000 接通,转移条件满足,从初始状态 S0 转移到下一个状态 S20,Y000 接通,刀具快速进给;当刀具到达工进限位时,X001 接通,转移条件满足,从状态 S20 转移到下一个状态 S21,Y001 接通,刀具工进;当刀具到达终点限位时,X002 接通,转移条件满足,从状态 S21 转移到下一个状态 S22,Y002 接通,刀具快退;当刀具回到原点限位时,X003 接通,返回初始状态 S0,等待下一个工作循环。

从这个例子可以看出,在顺序控制程序中每个状态继电器都相当于一个"工步",每一步执行相应的动作,当满足转移条件时,实现工步的顺序转移。整个程序的设计清晰简洁,效率较高。

5) 定时器

定时器(T)是用来实现延时功能的编程元件,它相当于接触器-继电器控制系统中的时间继电器。后者有通电延时继电器和断电延时继电器两种,而三菱 FX_{2N} 系列 PLC 中的定时器只有通电延时功能,必须通过断电延时程序才能实现断电延时功能。

定时器由一个设定值寄存器(字)、一个当前值寄存器(字)和无数个触点(位)组成。这三个量使用同一地址编号,但使用场合不一样,意义也不同。

三菱 FX_{2N} 系列 PLC 中的定时器分为通用定时器和积算定时器两种。它们通过对一定周期的时钟脉冲进行累计而实现定时,时钟脉冲周期有 1 ms、10 ms、100 ms 三种,当所计数达到设定值时触点动作。设定值可用常数(K)或数据寄存器(D)的内容来设置。

(1) 通用定时器 T0～T245。

T0～T199 为 100 ms 通用定时器,共 200 点,定时时间范围为 0.1～3276.7 s。

其中,T192～T199 为子程序中断服务程序专用的定时器;T200～T245 为 10 ms 通用定时器,共 46 点,定时范围为 0.01～327.67 s。图 2-13 所示是定时器的工作原理图。

（2）积算定时器 T246～T255。

1 ms 积算定时器 T246～T249 共 4 点,每点设定值范围为 0.001～32.767 s;另一种 100 ms 积算定时器 T250～T255 共 6 点,每点设定值范围为 0.1～3276.7 s。如图 2-14 所示,当定时器线圈 T250 的驱动输入 X0 接通时,T250 用当前值计数器累计 100 ms 的时钟脉冲个数;当该值与设定值 K10 相等时,定时器的输出接点动作。当计数中间驱动输入 X0 断开或停电时,当前值可保持。输入 X0 再接通或复电时,计数继续进行,当累计时间为 10×0.1 s=1 s 时,输出接点动作。当复位输入 X1 接通时,计数器就复位,输出接点也复位。

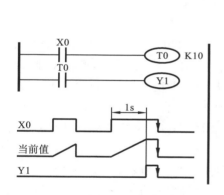

图 2-13　通用定时器的工作原理图

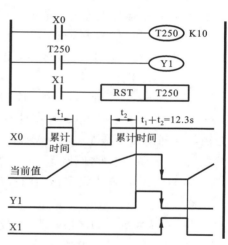

图 2-14　积算定时器的工作原理图

6）计数器

计数器(C)在程序中用作 0 计数控制,FX$_{2N}$ 系列 PLC 的计数器共有两种:内部信号计数器和高速计数器。内部信号计数器又分为两种:16 位增计数器和 32 位增/减计数器。

（1）16 位增计数器。

设定值为 1～32767,该值除了用常数 K 设定外,还可通过指定数据寄存器间接设定。其中,C0～C99 共 100 点是通用型,C100～C199 共 100 点是断电保持型。

下面举例说明通用型 16 位增计数器的工作原理。如图 2-15 所示,X000 为复位信号,当 X000 为 ON 时,C0 复位。

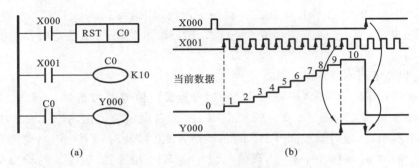

图 2-15   通用型 16 位增计数器

(a)梯形图;(b)时序图

X001 是计数信号,每当 X001 接通一次计数器当前值增加 1(注意 X000 断开,计数器不会复位)。当计数器的当前值为设定值 10 时,计数器动作,其常开触点闭合,Y000 接通。此时即使输入 X001 再接通,计数器的当前值也保持不变。当复位输入 X000 接通时,执行复位指令,计数器复位,Y000 被断开。

(2) 32 位增/减计数器。

设定值为-2 147 483 648~2 147 483 647,其中 C200~C219 共 20 点是通用型,C220~C234 共 15 点为断电保持型计数器。32 位双向计数器是递加型还是递减型计数由特殊辅助继电器 M8200~M8234 设定。特殊辅助继电器接通(置 1)时,为递减计数;特殊辅助继电器断开(置 0)时,为递加计数。可直接用常数(K)或间接用数据寄存器(D)的内容作为设定值。间接设定时,要用器件序号紧连在一起的两个数据寄存器。

32 位加/减计数器的使用方法及动作时序图如图 2-16 所示。X000 控制计数方向,当 X000 断开时,M8200 置 0,为加计数;当 X000 接通时,M8200 置 1,为减计数。X002 为计数输入端,驱动计数器 C200 线圈进行加/减计数。当计数器 C200 的当前值由-6→-5 增加时,计数器 C200 动作,其常开触点闭合,输出继电器 Y001 动作;由-5→-6 减少时,其常开触点断开,输出继电器 Y001 复位。

7) 数据寄存器

在进行输入/输出处理、模拟量控制、位置控制时,需要许多数据寄存器(D)存储数据和参数。数据寄存器为 16 位,最高位为符号位,可用两个数据寄存器合并起来存放 32 位数据。其最高位仍为符号位,0 表示正数,1 表示负数,如图 2-17 所示。

数据寄存器分成以下几类。

(1) 通用数据寄存器 D0~D199(共 200 点)。

一旦数据寄存器写入数据,只要不再写入其他数据,就不会发生变化。但是当

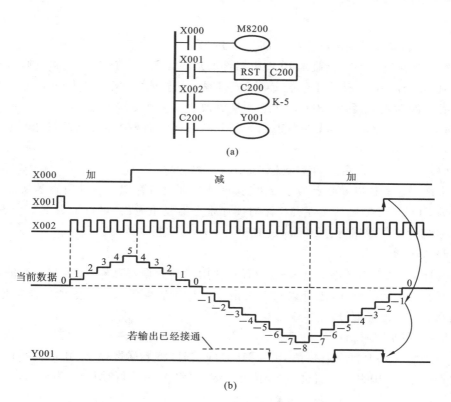

图 2-16　32 位增/减计数器

(a)梯形图；(b)时序图

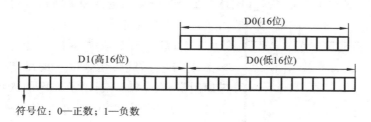

符号位：0—正数；1—负数

图 2-17　数据寄存器数据格式

PLC 由运行到停止或断电时，该类数据寄存器的数据被清零。但是当特殊辅助继电器 M8033 置 1，PLC 由运行转向停止时，数据可以保持。

（2）断电保持/锁存寄存器 D200～D7999（共 7800 点）。

断电保持/锁存寄存器有断电保持功能，PLC 从 RUN 状态进入 STOP 状态时，断电保持寄存器的值保持不变。利用参数设定，可改变断电保持的数据寄存器的范围。

（3）特殊数据寄存器 D8000～D8255(共 256 点)。

特殊数据寄存器用于监视 PLC 中器件的运行方式。其内容在电源接通时写入初始值(先全部清零，然后由系统 ROM 安排写入初始值)。例如，D8000 所存的警戒监视时钟的时间由系统 ROM 设定。若要改变时，用传送指令将目的时间送入 D8000。该值在 PLC 由 RUN 状态到 STOP 状态保持不变。未定义的特殊数据寄存器，用户不能用。

（4）文件数据寄存器 D1000～D7999(共 7000 点)。

文件寄存器是以 500 点为一个单位，可被外部设备存取。文件寄存器实际上被设置为 PLC 的参数区。文件寄存器与锁存寄存器是重叠的，可保证数据不会丢失。FX_{2N} 系列的文件数据寄存器可通过 BMOV(块传送)指令改写。

8）变址寄存器

变址寄存器(V/Z)实际上是一种有特殊用途的数据寄存器，除了与普通的数据寄存器有相同的功能外，还可以在应用指令中与其他编程元件或数值组合使用，改变编程元件的地址编号。

FX_{2N} 系列 PLC 有 V0～V7 和 Z0～Z7 共 16 个变址寄存器，它们都是 16 位的寄存器。例如，(V1)＝5，则执行"MOV D1 D2V1"时，将数据寄存器 D1 的内容传送到数据寄存器 D7 中去。需要进行 32 位操作时，可将 V、Z 串联使用(Z 为低位，V 为高位)。

9）指针

在 FX_{2N} 系列 PLC 中，指针(P/I)主要分为分支用指针和中断指针两种。

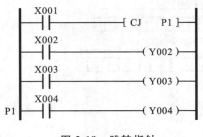

图 2-18　跳转指针

（1）分支用指针。

FX_{2N} 系列 PLC 有 P0～P127 共 128 点分支用指针，用于指示跳转指令(CJ)的跳转目标或子程序调用指令(CALL)调用子程序的入口地址。其中，P63 为程序结束指针，可以用作跳转标记，但不可用于引导子程序。

如图 2-18 所示，当输入继电器 X001 常开触点闭合时，执行跳转指令，程序直接跳到指针 P1 处执行后续指令。

（2）中断指针。

中断指针用于指示某一中断程序的入口位置。执行中断后遇到 IRET(中断返回)指令，则返回主程序。中断用指针有以下三种类型。

①输入中断用指针(I00 口~I50 口),共 6 点,用于指示由特定输入端的输入信号而触发的中断服务程序的入口地址,这类中断不受 PLC 扫描周期的影响,可以及时处理外部输入设备的信息。输入中断所使用的指针格式如下。

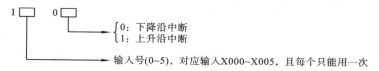

例如,对于 I201,当输入继电器 X002 从断到通变化时,执行以 I201 为标号后面的中断程序,并根据 IRET 指令返回。

②定时器中断用指针(I6××~I8××),共 3 点,用于指示周期定时中断的中断服务程序的入口地址,这类中断的作用是 PLC 以指定的周期定时执行中断服务程序,定时循环处理某些任务,不受 PLC 扫描周期的限制。指针中的××表示定时范围,可在 10~99 ms 中设定。

③计数器中断用指针(I010~I060),共 6 点,它们用在 PLC 内置的高速计数器中。根据高速计数器的计数,以及当前值与设定值的关系确定是否执行中断服务程序。

10)常数

常数(K/H)是程序进行数值处理不可缺少的编程元件,主要用 K/H 来表示,其中 K 表示十进制整数,一般用于指定定时器或计数器的设定值以及应用指令操作数中的数值;H 表示十六进制数,主要用来表示应用功能指令的操作数值。例如,用十进制数 26 可以表示为 K26,用十六进制数 26 则表示为 H1A。

四、知识拓展

1. 高速计数器

高速计数器采用独立于扫描周期的中断方式对外部信号进行计数。FX₂ₙ系列 PLC 提供了 21 个高速计数器,元件编号为 C235~C255。作为高速计数器输入的 PLC 输入端口有 X000~X007,X000~X007 不能重复使用,即若某一个输入端已被某个高速计数器占用,它就不能再用于其他高速计数器。各高速计数器对应的输入端如表 2-9 所示。

表 2-9 各高速计数器对应的输入端

计　数　器		X000	X001	X002	X003	X004	X005	X006	X007
单相单计数输入	C235	U/D							
	C236		U/D						
	C237			U/D					
	C238				U/D				
	C239					U/D			
	C240						U/D		
	C241	U/D	R						
	C242			U/D	R				
	C243				U/D	R			
	C244	U/D	R					S	
	C245			U/D	R				S
单相双计数输入	C246	U	D						
	C247	U	D	R					
	C248				U	D	R		
	C249	U	D	R				S	
	C250				U	D	R		S
双相双计数输入	C251	A	B						
	C252	A	B	R					
	C253				A	B	R		
	C254	A	B	R				S	
	C255				A	B	R		S

注:U 表示加计数输入,D 表示减计数输入,B 表示 B 相输入,A 表示 A 相输入,R 表示复位输入,S 表示启动输入。X006、X007 只能用作启动信号,而不能用作计数信号。

高速计数器可分为以下三类。

(1) 单相单计数输入高速计数器(C235~C245),共 11 点,与 32 位增/减计数器相同,可进行增或减计数(通过特殊辅助继电器 M8235~M8245 来设定相应计数器的计数方向)。

① 无启动/复位端子(C235~C240)。

如图 2-19 所示,当 M8235 接通时,C235 为减计数方式,反之则为加计数方式。

当 X012 接通时,C235 被选中,由表 2-9 可知,对应的高速计数输入端为 X000,C235 对 X000 的上升沿进行计数,当其当前值等于设定值 1234 时,C235 常开触点闭合, Y000 接通。当 X011 接通时,C235 被复位。

　　② 带启动/复位端(C241～C245)。

　　如图 2-20 所示,当 M8244 接通时,C244 为减计数方式,反之则为加计数方式。 当 X012 接通时,C244 被选中,由表 2-9 可知,对应的高速计数输入端为 X000。C244 对 X000 的上升沿进行计数,当其当前值等于设定值 1234 时,C244 常开触点闭合, Y000 接通。当 X011 接通时,C244 被复位。另外,C244 还可由外部输入端 X001 复 位和外部输入端 X006 启动,当 X001 接通时,C244 被复位;当 X006 接通时,C244 开 始计数,X006 断开时,C244 停止计数。

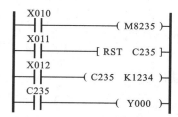 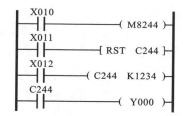

图 2-19　无启动/复位端子的单相 　　　　　图 2-20　带启动/复位端子的单相
单计数输入高速计数器 　　　　　　　　　　单计数输入高速计数器

　　(2) 单相双计数输入高速计数器(C246～C250)。这类高速计数器具有两个输 入端,一个为加计数输入端,另一个为减计数输入端。利用 M8246～M8250 的 ON/ OFF 动作可监控 C246～C250 的加/减计数动作。如图 2-21 所示,当 X011 接通时, C248 被选中,由表 2-9 可知,C248 对输入端 X003 的上升沿进行加计数,对输入端 X004 的上升沿进行减计数。当 X010 接通时,C248 被复位。另外 C248 还可以被外 部输入端 X005 复位。

　　(3) 双相双计数输入高速计数器(C251～C255)。A 相和 B 相相位信号决定计 数器是加计数还是减计数。当 A 相为 ON 时,对 B 相的上升沿进行加计数,对 B 相 的下降沿进行减计数。

　　如图 2-22 所示,当 X012 接通时,C251 被选中,由表 2-9 可知,输入端 X000 和 X001 分别为 A 相和 B 相信号。X011 为复位端,Y003 可以通过 M8251 监控 C251 当前的加减计数动作。

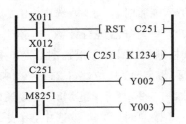

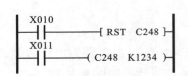

图 2-21　单相双计数输入高速计数器　　图 2-22　双相双计数输入高速计数器

五、任务拓展

取一台 FX_{2N}-48M 型的三菱 PLC,在网孔板上安装、接线。

要求:

(1) 按照本任务所讲知识,先对 PLC 外部结构进行认识。

(2) 采用 DIN 导轨进行安装。

(3) 正确建立 PLC 与电脑的连接、通信。

提示:注意所选 PLC 类型,按照所带的安装手册进行正确安装、拆卸及接线。

六、巩固与提高

(1) FX 系列 PLC 型号表示中各部分的含义是什么?

(2) FX_{2N} 系列 PLC 主要有哪些编程软元件? 各有什么作用?

(3) FX_{2N} 系列 PLC 的定时器有哪些类型? 各自的特点是什么?

(4) FX_{2N} 系列 PLC 的计数器有哪些类型? 各自的特点是什么?

(5) FX_{2N} 可编程控制器的内部寄存器有哪些?

第三单元 GX Developer 编程软件的使用

一、学习目标

知识目标

（1）熟悉三菱 GX Developer 编程软件的主要功能。

（2）掌握 GX Developer 编程软件的基本操作。

（3）能够熟练使用 GX Developer 编程软件。

能力目标

（1）通过实践操作使学生了解 GX Developer 编程软件的安装方法。

（2）能够熟练操作 GX Developer 编程软件，完成程序的输入、变换、写入、运行及监视等操作。

二、任务导入

三菱 GX Developer 编程软件，是应用于三菱系列 PLC 的中文编程软件，可在 Windows 9x 及以上操作系统中运行。

1. GX Developer 编程软件的主要功能

GX Developer 的功能十分强大，集成了项目管理、程序键入、编译链接、模拟仿真和程序调试等功能，其主要功能如下。

（1）在 GX Developer 中，可通过线路符号、列表语言及 SFC 符号来创建 PLC 程序，建立注释数据及设置寄存器数据。

（2）创建 PLC 程序并将其存储为文件，可用打印机将其打印。

（3）所建程序可在串行系统中与 PLC 进行通信、文件传送、操作监控，以及进行各种测试。

（4）该程序可脱离 PLC 进行仿真调试。

2. 系统配置

(1) 计算机一台。

(2) PLC 与上位计算机采用 RS-232 连接线连接,实现通信功能。

3. GX Developer 编程软件的安装及界面介绍

运行安装盘,根据提示将软件安装在计算机上。双击桌面上的"GX Developer"图标,即可启动三菱 GX Developer 编程软件。GX Developer 编程软件的界面由项目标题栏、下拉菜单、快捷工具栏、编辑窗口、管理窗口等部分组成。在调试模式下,可打开远程运行窗口、数据监视窗口等。

(1) 下拉菜单:GX Developer 共有 10 个下拉菜单,每个菜单又有若干个菜单项。常用的菜单项都有相应的快捷按钮,GX Developer 的快捷键直接显示在相应菜单项的右边。

(2) 快捷工具栏:GX Developer 共有 8 个快捷工具栏,即标准、数据切换、梯形图标记、程序、注释、软元件内存、SFC、SFC 符号工具栏。以鼠标选取"显示"菜单下的"工具条"命令,即可打开这些工具栏。常用的有标准、梯形图标记、程序工具栏,将鼠标指针停留在快捷按钮上片刻,即可获得该按钮的相关提示信息。

(3) 编辑窗口:PLC 程序是在编辑窗口进行输入和编辑的,其使用方法与众多编辑软件的相似。

(4) 管理窗口:可实现项目管理、修改等功能。

三、相关知识

1. 三菱编程软件 GX Developer 8.34L-C 的安装

运行安装盘中的"SETUP",按照出现的提示即可完成三菱 GX Developer 编程软件的安装。安装结束后,将在桌面上建立一个和"GX Developer"相对应的图标,同时在桌面的"开始/程序"中建立一个"MELSOFT 应用程序"→"GX Developer"选项。

2. 工程文件的相关处理

1) 创建一个新工程

创建一个新工程,操作步骤如图 3-1 所示。

(1) 双击桌面图标 ,或者从"开始"里面选择"程序"→"MELSOFT 应用程序"→"GX Developer",打开三菱 GX Developer 编程软件。

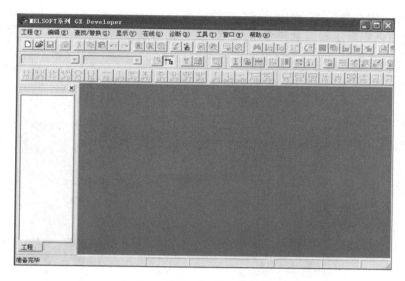

图 3-1　创建一个新工程的窗口

（2）鼠标左键点击"工程"→"创建新工程"，或者按下"Ctrl＋N"快捷键，或者单击工具栏快捷图标，创建新工程，如图 3-2 所示。

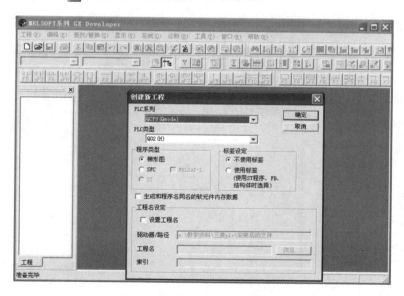

图 3-2　弹出"创建新工程"对话框

（3）在弹出的"创建新工程"对话框中的"PLC 系列"选择"FXCPU"，在"PLC 类

型"下拉菜单中选择"FX2N(C)",在"程序类型"中选择"梯形图"或"SFC"形式,单击
"确定"按钮创建新工程。如果单击"取消"按钮则不创建新工程,如图 3-3 所示。

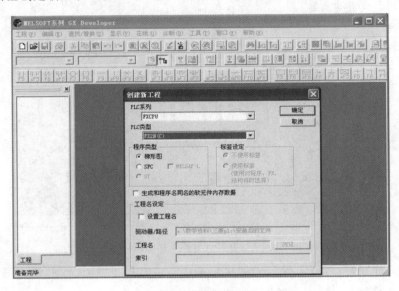

图 3-3　选择相应的选项

（4）显示编程窗口,可以开始编程,如图 3-4 所示。

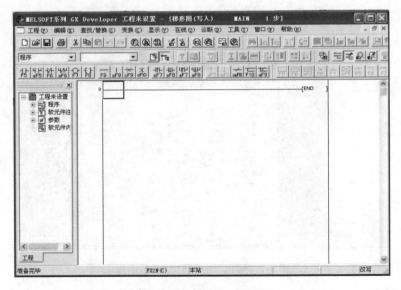

图 3-4　创建好的空白工程

2）打开工程

打开已经保存的工程文件时，操作步骤如下。

（1）通过点击"工程"→"打开工程"，或者按"Ctrl＋O"快捷键，或者单击工具栏快捷图标 ，弹出"打开工程"对话框。选择所存工程的驱动器/路径和工程名，单击"打开"按钮，进入编程窗口，单击"取消"按钮，重新选择，如图 3-5 所示。

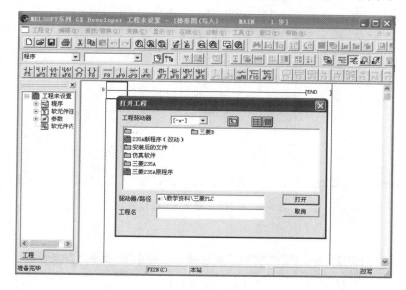

图 3-5　打开工程

（2）如步骤（1）中，选择"三菱 235A 原程序"工程，打开后得到如图 3-6 所示的梯形图编辑窗口，这样可以实现对程序进行编辑或与 PLC 进行通信等操作。

3）关闭工程

关闭正在编辑的工程文件，操作步骤如图 3-7 所示。

（1）选择"工程"→"关闭工程"，开始关闭工程。

（2）在退出确认对话框中单击"是"按钮，退出工程；单击"否"按钮，返回编辑窗口。

注意：当未设定工程名或者正在编辑程序时，选择"关闭工程"，将会弹出一个询问的对话框，如果希望保存当前工程，应单击"是"按钮，否则应单击"否"按钮。假如需继续编辑工程，应单击"取消"按钮。

4）保存工程

将正在编辑中的工程文件保存下来，操作步骤如下。

（1）单击"工程"→"保存工程"（见图 3-8），或者按"Ctrl＋S"快捷键，或者单击工

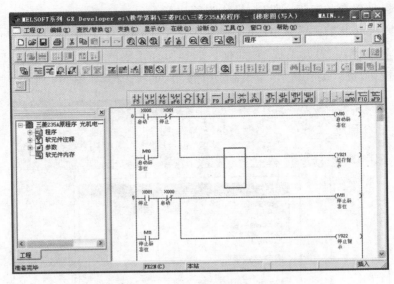

图 3-6　打开"三菱 235A 原程序"

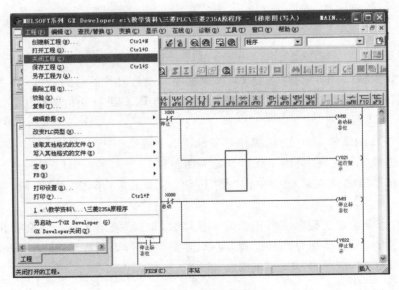

图 3-7　关闭工程

具栏快捷图标 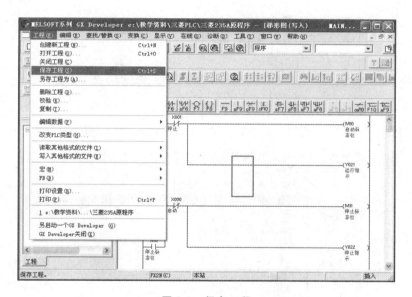，弹出"另存工程为"对话框。

（2）选择所存工程的驱动器/路径并输入工程名，单击"保存"，弹出"新建工程"对话框，单击"确认"按钮，否则单击"取消"按钮，则重新选择操作。

（3）单击"是"按钮，确认新建工程，进行存盘；单击"否"按钮，则返回上一对话框。

注意：如果打开以前的工程文件进行编辑，当"保存工程"时，将会覆盖原先编辑的工程文件；如果是新建工程，按图 3-8 操作即可打开以前的工程文件进行编辑。修改后，如果要保留原工程文件，可以用"另存工程为"选项将工程文件更改名称后保存，或者保存到其他目录下。

图 3-8　保存工程

5）删除工程

将保存在计算机中的工程文件删除，操作步骤如下。

（1）单击"工程"→"删除工程..."，如图 3-9 所示，弹出"删除工程"对话框。

（2）单击要删除的文件名，按 Enter 键，或者单击"删除"，或者双击将删除的文件名，弹出删除确认对话框。单击"取消"按钮，不继续删除操作。

（3）单击"是"按钮，确认删除工程，单击"否"按钮，则返回上一对话框。

6）校验工程

校验同一 PLC 类型的 CPU 工程中的数据，操作步骤如下。

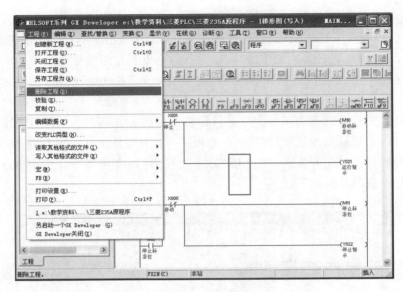

图 3-9　删除工程

(1) 选择"工程"→"校验..."，弹出"校验"对话框，如图 3-10 所示。

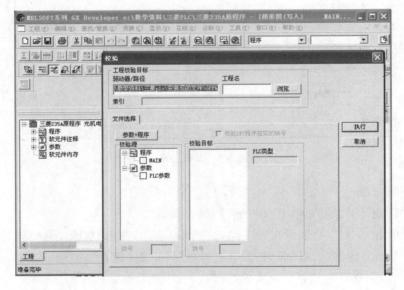

图 3-10　校验工程

(2) 单击"浏览..."按钮，弹出"打开工程"对话框，选择校验目标工程的驱动器/
路径和工程名；选择校验源和校验目标的校验复选项目，如图 3-10 中的"MAIN"和

"PLC 参数"。单击"执行"按钮,开始校验;单击"关闭"按钮,退出校验。

（3）显示校验结果（例中两程序一样,没有不一致的地方。如果例中两程序不一样,则会显示出不一致的数据）。

7）复制工程

在复制工程时,单击"工程"→"复制",则得到如图 3-11 所示对话框。

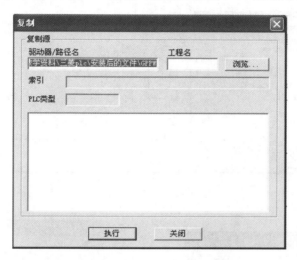

图 3-11　复制工程

在对话框中,单击"浏览"按钮可设置复制源的驱动器/路径名和工程名,设置结束后单击"执行"按钮。

8）将梯形图程序与 SFC 程序进行相互变更

在处理一些工程时,需要将已有的梯形图程序变换为 SFC 程序,或将 SFC 程序变换为梯形图程序。在"工程"下拉菜单中选择"编辑数据"→"改变程序类型",如图 3-12 所示,得到图 3-13 所示的对话框,选择"梯形图"则将当前显示的 SFC 程序变更为梯形图程序,变更后,可以作为梯形图程序编辑;选择"SFC"则将当前显示的梯形图程序变更为 SFC 程序,变更之后,可以作为 SFC 程序编辑。设置结束后单击"确定"按钮。

9）改变 PLC 类型

将已有的数据、编辑中的数据变换为其他 PLC 类型或 PLC 系列时,单击"工程"→"改变 PLC 类型",得到如图 3-14 所示的对话框。

在"PLC 系列"、"PLC 类型"下拉菜单中选择变换后的 PLC 系列、PLC 类型。设置完毕后,单击"确定"按钮结束设置。

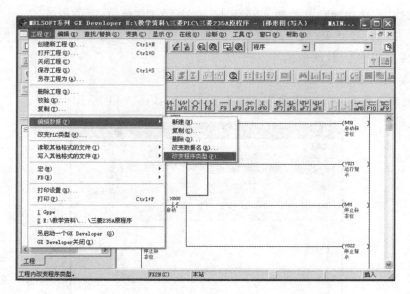

图 3-12　改变程序类型

图 3-13　弹出改变程序类型对话框

图 3-14　改变 PLC 类型对话框

3. 梯形图输入

1) 创建梯形图

(1) 梯形图创建方法。

梯形图的创建方法有如下几种：

① 在键盘输入指令代号(助记符)的方式创建；

② 单击工具栏的工具按钮创建；

③ 单击功能键创建；

④ 通过工具栏的菜单创建。

上述操作开始后，将显示梯形图输入窗口，如图 3-15 所示。

(2) 梯形图模式与列表模式的切换(SFC 的动作输出、转移条件也可)。

① 单击"显示"→"列表显示"，或者按"Alt＋F1"快捷键，或者单击工具栏快捷图标，可从梯形图编辑界面切换到列表编辑界面。

图 3-15　梯形图输入窗口

② 单击"显示"→"梯形图显示",或者按"Alt＋F1"快捷键,或者单击工具栏快捷图标 ,从列表编辑界面切换到梯形图编辑界面。

(3) 读出模式与写入模式。

① 读出模式(读出梯形图时)。

单击"编辑"→"读出模式",或者按"Shift＋F2"快捷键,或者单击工具栏快捷图标 ,进入读出模式。

在读出模式下,双击任一触点或线圈,弹出如图 3-16 所示窗口,单击窗口右端的"软元件"将显示如图 3-17 所示的"软元件输入"窗口,在窗口中选择软元件进行查找。

图 3-16　查找窗口

图 3-17　"软元件输入"窗口

② 写入模式(编辑梯形图时)。

单击"编辑"→"写入模式",或者按"F2"快捷键,或者单击工具栏快捷图标 ,进入写入模式。

在写入模式下,可以对梯形图进行创建、查找、替换等编辑操作。

2) 输入触点、应用指令、线圈

(1) 触点的输入。

触点的输入步骤如下。

① 将光标移至输入位置。

② 输入触点。触点输入的方法有以下几种。

a. 通过指令表输入：通过键盘输入"LD X0"，如图 3-18 所示。

图 3-18　通过指令表输入"LD　X0"

b. 单击工具按钮输入：单击 F5 后，通过键盘输入"X0"，如图 3-19 所示。

图 3-19　输入"X0"

c. 按下功能键输入：按键盘 F5 键输入"X0"，如图 3-19 所示。

d. 在菜单中输入：单击"编辑"→"梯形图标记"→"常开触点"，通过键盘输入"X0"，如图 3-19 所示。

③ 按下 Enter 键或单击"确定"按钮写入编辑界面中。

其他各种触点的输入方法与以上方法大致相同。需要说明的是，步进触点的输入方法为选择输入"STL S1"或直接输入"STL S1"。在 GX Developer 软件中，步进触点的表示形式如图 3-20 所示。

图 3-20　步进触点的表现形式

(2) 应用指令输入。

应用指令输入步骤如下。

① 将光标定位在输入位置。在如图 3-21 所示的光标位置上可以输入应用指令。

图 3-21　光标定位在输入位置

② 输入应用指令。

a. 通过指令列表输入：通过键盘输入"MOV T2　D0"，如图3-22所示。

图3-22　在指令列表中输入"MOV T2　D0"

b. 单击工具按钮输入：单击 ![F8] 后，通过键盘输入"MOV T2 D0"，如图3-23所示。

c. 按下功能键输入：按键盘F8键输入"MOV T2 D0"，如图3-23所示。

图3-23　输入"MOV T2 D0"

d. 通过菜单按钮输入：单击"编辑"→"梯形图标记"→"应用指令"，通过键盘输入"MOV T2 D0"，如图3-23所示。

③ 按Enter键或单击"确定"按钮写入编辑界面中，得到如图3-24所示的梯形图程序。

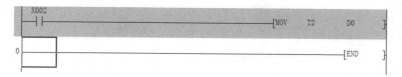

图3-24　梯形图程序

（3）线圈的输入。

线圈的输入步骤如下。

① 把光标定位在输入位置。在如图3-21所示的光标位置上可以输入线圈。

② 输入线圈的方法有如下几种。

a. 在指令列表中输入：通过键盘输入"OUT　Y0"，如图3-25所示。

图3-25　通过键盘输入"OUT　Y0"

b. 通过工具按钮输入：单击 ![F7] 后，通过键盘输入"OUT　Y0"，如图3-25所示。

c. 通过功能键输入：按键盘 F7 键输入"OUT　Y0"，如图 3-25 所示。

d. 通过菜单按钮输入：单击"编辑"→"梯形图标记"→"线圈"，通过键盘输入"OUT　Y0"。

③ 按 Enter 键或单击"确定"按钮写入编辑界面中，得到如图 3-26 所示的梯形图程序。

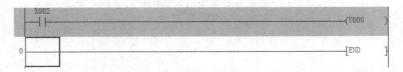

图 3-26　梯形图程序

注意：如需要用指令列表输入定时器、计数器线圈，则输入"OUT　T2 K30"或"OUT　C2 K30"，输入完成后，梯形图如图 3-27 所示。

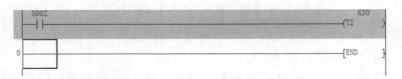

图 3-27　梯形图程序

步进触点输入时，单击"编辑"→"梯形图标记"→"线圈"，或者按"F8"快捷键，或者单击工具栏快捷图标，在弹出的梯形图输入对话框中输入步进指令，例如输入"STL S3"，如图 3-28 所示，单击"确定"按钮完成输入，也可直接通过键盘输入"STL S3"实现。

图 3-28　输入"STL S3"

输入完成后，得到如图 3-29 所示的梯形图，这是步进触点在 GX Developer 软件中的表现形式，与 FXGP-WIN-C 软件中的表现不同，但是可以实现相同的功能。

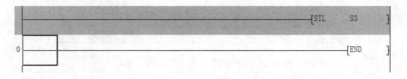

图 3-29　输入"STL S3"后的梯形图

3）写入画线、竖线、横线

（1）写入画线步骤。

① 将光标定位在要写入画线的位置。

② 写入画线，其方法有如下两种。

a. 单击工具按钮写入：单击 F10 之后，通过拖曳光标写入画线。

b. 按下功能键写入：通过按下"Alt＋F10（F10）"→"Shift＋各箭头"键写入画线。

（2）写入竖线步骤。

① 将光标定位在要写入竖线的位置。

② 写入竖线，其方法有如下两种。

a. 单击工具按钮写入：单击 sF9 之后，在竖线输入窗口中输入竖线写入数量。如果不输入竖线写入数量，则只写入一条竖线。

b. 按下功能键写入：通过 F10 键（Shift＋F9）将竖线的写入数量输入竖线输入窗口中。如果不输入竖线写入数量，则只写入一条竖线。

③ 按"Enter"键或单击"确定"按钮，写入编辑界面中。

（3）写入横线步骤。

① 将光标移至要写入横线的位置。

② 写入横线，其方法有如下两种。

a. 单击工具按钮写入：单击 F9 后，在横线输入窗口中输入横线写入数量。如果不输入横线写入数量，则只写入一条横线。

b. 按下功能键写入：通过 F9 键，将横线的写入数量输入横线输入窗口中。如果不输入横线写入数量，则只写入一条横线。

③ 按 Enter 键或单击"确定"按钮，写入编辑界面中。

4. 指令列表输入

1）输入触点（插入模式）

（1）按 Insert 键设置为插入模式。

（2）在列表输入窗口中，输入"LD X2"，则得到列表输入窗口，如图 3-30 所示。

图 3-30　列表输入窗口

（3）单击"确定"按钮，输入编辑界面中，如图 3-31 所示。

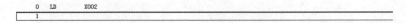

图 3-31   列表编辑界面

2）输入线圈

（1）在图 3-32 所示的列表输入窗口中，输入"OUT   Y2"。若输入定时器（或计数器）线圈，则输入"OUT   T2 K12"（或"OUT   C2 K3"），如图 3-33 所示。

图 3-32   输入"OUT   Y2"

图 3-33   输入"OUT   T2 K12"

（2）单击"确定"按钮，输入编辑界面中，如图 3-34 所示。

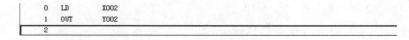

图 3-34   列表编辑界面

5．创建软元件注释

软元件注释分以下两种。

（1）程序注释（程序内有效的注释）：它是一个注释文件，在特定的程序中有效。

（2）通用注释（工程注释）：假如在一个工程中要创建多个程序，则通用注释在所有的程序中都有效。

创建软元件注释的操作步骤如下。

（1）单击"工程数据列表"→"软元件注释"前的"＋"标记，再双击"树"下的"COMMENT"（通用注释），如图 3-35 所示。

（2）通过在弹出的注释编辑窗口→"软元件名"文本框中输入需创建注释的软元件名，如"X0"，按"Enter"键或单击"显示"按钮，显示出所有含"X"的软元件名，如图 3-36 所示。

（3）在"注释"栏中选中"X001"处，输入"停止"注释，如图 3-37 所示。注释不超过 32 个字符，修改注释时，按 Backspace 键或 Delet 键，并重新输入。

（4）双击"工程数据列表"中"MAIN"显示出梯形图窗口。在菜单栏上点击"显

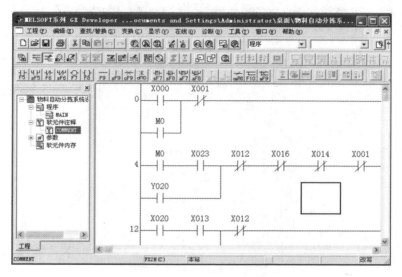

图 3-35　软元件注释操作步骤 1

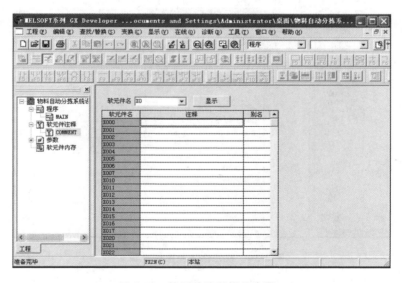

图 3-36　软元件注释操作步骤 2

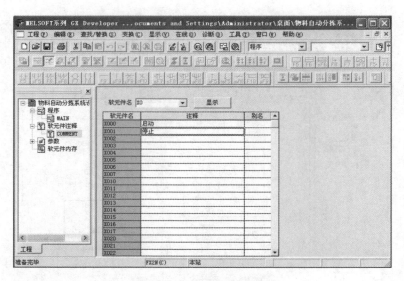

图 3-37　软元件注释操作步骤 3

示"→"注释显示",或者按"Ctrl＋F5"快捷键,如图 3-38 所示。

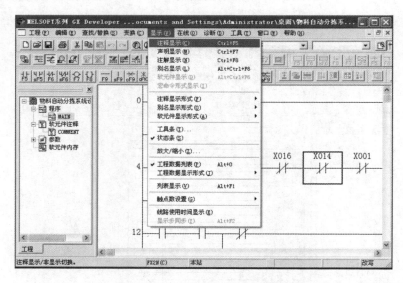

图 3-38　软元件注释操作步骤 4

　　(5) 在梯形图窗口中可以看到"X001"软元件下面有"停止"注释显示,如图 3-39 所示。

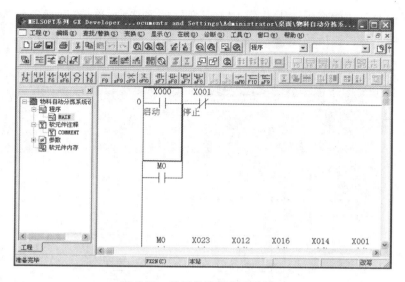

图 3-39　软元件注释操作步骤 5

6. 程序的变换、写入、运行与监视

1）程序的变换

（1）变换单个编辑程序。

编写完一个程序后，当前界面处于活动状态，如图 3-40 所示。需要将当前编辑

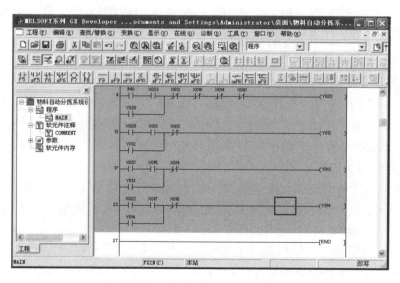

图 3-40　变换前的程序窗口

的程序进行变换才能将程序下载到 PLC。变换的方法为：单击"变换"→"变换"，或者直接单击工具栏快捷图标 ![icon]。变换完毕后，编辑界面的灰色背景变亮，如图 3-41 所示。

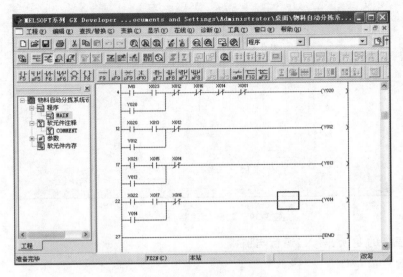

图 3-41　变换后的程序窗口

（2）变换多个编辑程序。

当需要变换多个程序时，从"变换"下拉菜单中选择"变换（编辑中的全部程序）"，或者直接单击工具栏快捷图标 ![icon]。

2）PLC 程序的读取与写入

（1）用户程序的读取。

从"在线"下拉菜单中选择"PLC 读取"，或者单击工具栏快捷图标 ![icon]，将弹出如图 3-42（a）所示的"PLC 读取"复选框，选择"MAIN"→"执行"就可以将 PLC 中的程序读出。读取程序的过程如图 3-42 所示。

（2）用户程序的写入。

① 在写入之前首先进行通信测试。点击"在线"→"传输设置"，出现传输设置复选框，如图 3-43（a）所示，可以设置 PLC 的通信接口、模块、其他站等。点击"通信测试"按钮，出现测试成功提示框，如图 3-43（b）所示。

单击"系统图象…"核对系统构成图像是否正确，如图 3-44 所示。

② 从"在线"下拉菜单中选择"PLC 写入"，或单击工具栏快捷图标 ![icon]，将弹出如图 3-45（a）所示的"PLC 写入"对话框，选择"参数＋程序"（如图 3-45（b）所示）→单击

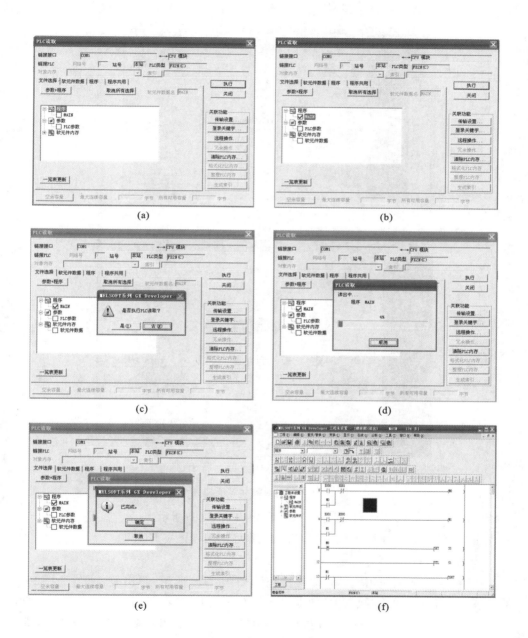

图 3-42　"PLC 读取"窗口

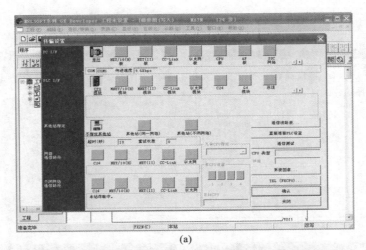

(a)

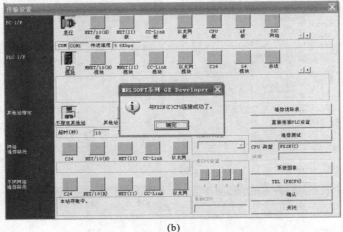

(b)

图 3-43 通信测试成功

"执行",如图 3-45(c)所示。程序写入过程如图 3-45(d)所示。

注意:在读取和写入结束后 PLC 的运行状态都应设为"RUN"。

3) 程序的运行

在"在线"下拉菜单中选择"远程操作",如图 3-46 所示,弹出复选框,选择 PLC 的状态为"RUN",单击"执行"按钮即可运行 PLC,如图 3-47 所示。

注意:在程序读取和写入之前,可以选择"STOP"使 PLC 处于停止状态,但是,在程序写入之后要将"PLC"的状态调整为"RUN"运行状态。

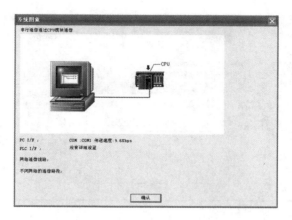

图 3-44　核对系统图像是否正确

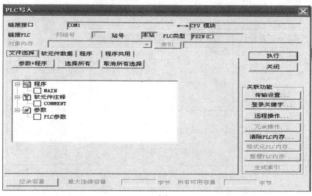

(a)

(b)

图 3-45　"PLC 写入"对话框

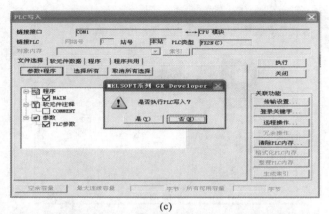

(c)

(d)

续图 3-45

4) 程序的监视与监视中写入

(1) 程序的监视。

计算机与 PLC 相连接后,通过编程软件的监视功能可以监视 PLC 的运算处理状态,并将监视触点及线圈的 ON/OFF 状态显示在梯形图或列表中。与监视有关的操作有监视、停止监视和再启动监视等,其操作方法分别如下所示。

① 监视:选择"在线"→"监视"→"监视模式",或者按"F3"快捷键,或者单击工具快捷图标 。

② 停止监视:选择"在线"→"监视"→"监视停止",或者按"Alt+F3"快捷键,或者单击工具快捷图标 。

③ 再启动监视:"在线"→"监视"→"监视开始",或者按"F3"快捷键,或者单击工

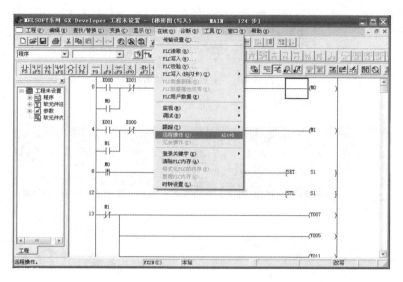

图 3-46　单击"远程操作"

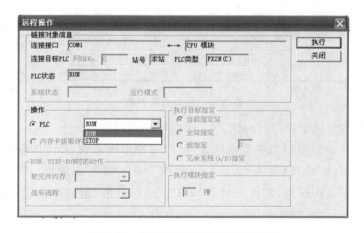

图 3-47　将"PLC"的状态变为"RUN"

具快捷图标 。

在监视模式下，无论是在监视过程中，还是处于停止状态下，都会出现如图 3-48 所示的"监视状态"对话框。其中"2 ms"一栏显示监视目标可编程序控制器 CPU 的扫描时间。在 FX 系列 PLC 中，以 ms 为单位。"RUN"一栏显示可编程序控制器 CPU 的运行状态。"RAM"一栏显示监视执行状态，在监视执行过程中该栏将会闪烁。

PLC 处于监视状态时，在监视界面中，为 ON 的线圈或触点显示为蓝色（默认颜

图 3-48 "监视状态"对话框

色,可以更改)。列表监视界面如图 3-49 所示。

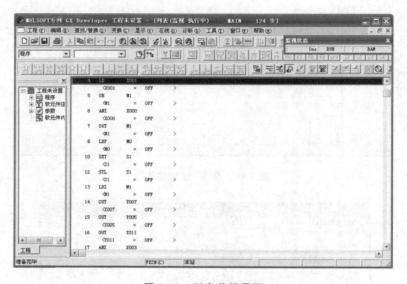

图 3-49 列表监视界面

(2) 梯形图监视中程序的编辑。

将梯形图界面调整到监视写入模式,可以在梯形图监视过程中编辑程序。选择"在线"→"监视"→"监视(写入)模式",或者按"Shift＋F3"快捷键,或者单击工具栏快捷图标 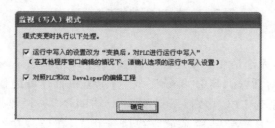 (Shift＋F3),都可以得到如图 3-50 所示的"监视(写入)模式"复选框。选择相应项,单击"确定"按钮,即可进入监视(写入)模式。

图 3-50 监视(写入)模式复选框

关于监视(写入)模式的说明如下。

① 在运行中写入的设置改为"变换后,对 PLC 进行运行中写入"。如果选中该复选框,将在变为监视写入模式的同时,变更运行中写入设置。

② 对照 PLC 和 GX Developer 的编辑工程。如果选中该复选框,在变为监视写入模式时,将 GX Developer 中的程序与所连接的可编程序控制器 CPU 内的程序进行校验。通过事先对程序进行校验,可以防止运行中写入时的程序不一致。

③ 单击"确定"按钮后,梯形图界面将变为监视写入模式。

④ 在进行梯形图的创建、变换等操作时,打开梯形图输入窗口。

⑤ 梯形图(监视写入)界面在显示 ON/OFF 状态及当前值的同时,可以编辑梯形图。

⑥ 如果已将运行中写入设置设为"变换后,对 PLC 进行运行中写入",则可以通过"变换"(F4 键)进行运行写入,也可以通过"变换(运行中写入)"(或者按"Shift＋F4"快捷键)进行运行中写入。

7. 清空 PLC 内存

单击"在线"→"清除 PLC 内存",弹出如图 3-51(a)所示的"清除 PLC 内存"对话框。其中,"链接对象信息"一栏显示链接对象的信息。"数据对象"一栏中,如果选中"PLC 内存",则清空可编程控制器 CPU 内的数据(程序、注释、参数、文件寄存器、软元件内存、扩展文件寄存器数据等);如果选中"数据软元件",则清空 PLC 内的寄存器(数据寄存器、文件寄存器、RAM 文件寄存器、特殊寄存器、扩展寄存器、扩展文件寄存器等);如果选中"位软元件",则可编程控制器 CPU 内的位软元件(X、Y、M、S)全部变为 OFF,同时 T、C 的当前值也将变为 0。

设置结束后单击"执行"按钮,即可执行清空操作,如图 3-51(b)、图 3-51(c)所示。

该操作执行的必要条件分别如下。

(1) PLC 内存:内部存储器、RAM/EEPROM(保护开关一定要为 OFF)/FLASH 内存(保护开关一定要为 OFF)。对于保护开关为 ON 的 EEPROM/FLASH 内存以及 EPROM,则不可执行全清空。

(2) 数据软元件:与 PLC 内存的执行条件相同。

(3) 位软元件:所有内存均可以执行。

注意:清除操作应在 PLC 处于"STOP"停止状态下操作,在"RUN"运行状态下不能清除内存。

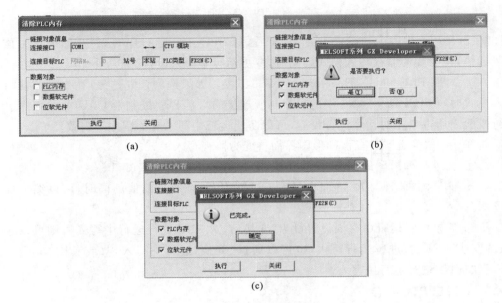

图 3-51　清除 PLC 内存

四、任务拓展

根据本任务所学知识与技能,完成图 3-52 所示梯形图程序的输入。

要求:完成硬件的连接,程序的创建、编辑、下载、运行及监控。

五、巩固与提高

(1) 将图 3-53 所示梯形图输入编程软件 GX Developer 中,变换并传送到 PLC,遥控 PLC 运行。

(2) 将图 3-54 所示梯形图输入编程软件 GX Developer 中,变换并传送到 PLC,遥控 PLC 运行。

(3) 将图 3-55 所示指令表程序输入编程软件 GX Developer 中,变换并传送到 PLC,遥控 PLC 运行。

(4) 将图 3-56 所示步进梯形图输入编程软件 GX Developer 中,变换并传送到 PLC,遥控 PLC 运行。

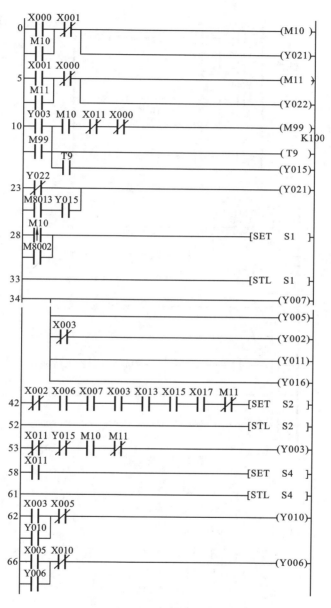

图 3-52　梯形图程序

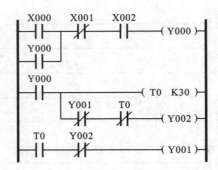

图 3-53 题 1 图

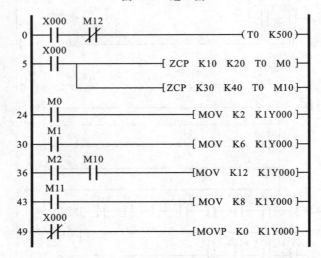

图 3-54 题 2 图

```
0   LD    X000
1   MC    N0  M100
4   LD    X001
5   OUT   Y001
6   LD    X002
7   OUT   Y002
8   MCR   N0
```

图 3-55 题 3 图

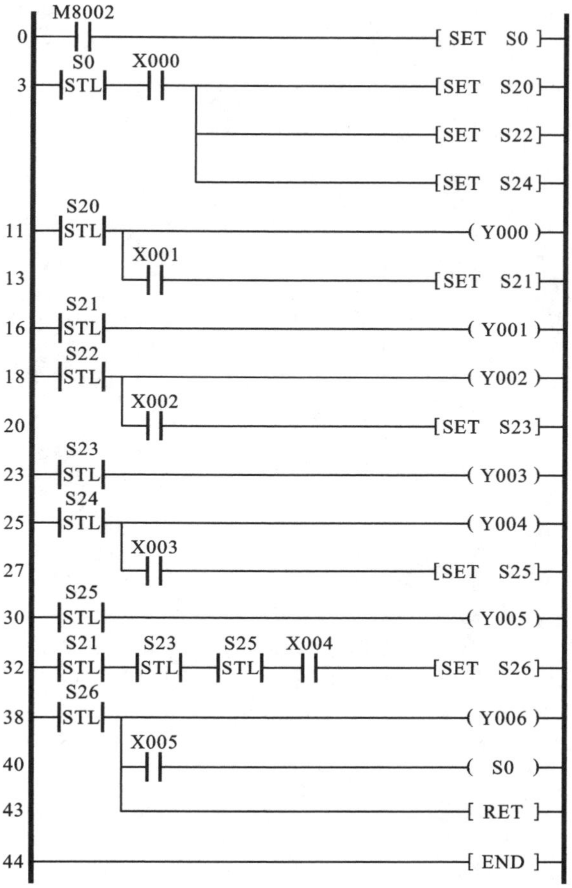

```
      M8002
0    ┤├────────────────────────────[ SET  S0 ]
      S0    X000
3    ┤STL├──┤├──────┬────────────[SET  S20]
                     ├────────────[SET  S22]
                     └────────────[SET  S24]
      S20
11   ┤STL├────────────────────────( Y000 )
            X001
13         ┤├─────────────────────[SET  S21]
      S21
16   ┤STL├────────────────────────( Y001 )
      S22
18   ┤STL├────────────────────────( Y002 )
            X002
20         ┤├─────────────────────[SET  S23]
      S23
23   ┤STL├────────────────────────( Y003 )
      S24
25   ┤STL├────────────────────────( Y004 )
            X003
27         ┤├─────────────────────[SET  S25]
      S25
30   ┤STL├────────────────────────( Y005 )
      S21    S23   S25   X004
32   ┤STL├─┤STL├─┤STL├─┤├──────[SET  S26]
      S26
38   ┤STL├────────────────────────( Y006 )
            X005
40         ┤├─────────────────────(  S0  )
43         └──────────────────────[ RET ]
44   ─────────────────────────────[ END ]
```

图 3-56　题 4 图

第二部分

工程项目训练

项目一　三相异步电动机正反转控制

一、学习目标

知识目标

（1）掌握三菱 FX_{2N} 系列 PLC 的基本逻辑指令系统（逻辑取指令及驱动线圈指令、单个触点串并联指令、上升沿和下降沿的取指令与或指令）。

（2）明确基本指令的使用要素及应用，掌握应用基本指令编程的基本思想和方法。

能力目标

（1）通过本项目的实训和操作，能够正确编制、输入和传输三相异步电动机正、反转 PLC 控制程序。

（2）能够独立完成三相异步电动机正、反转 PLC 控制线路的安装。

（3）按规定进行通电调试，出现故障时，能根据设计要求独立检修，直至系统正常工作。

二、项目介绍

在实际生产中，许多情况都要求三相异步电动机既能正转又能反转，其方法是对调任意两根电源相线以改变三相电源的相序，从而改变电动机的转向。继电器控制的三相异步电动机正、反转控制电气原理图如图 4-1 所示，图中各主要元器件的功能如表 4-1 所示。本项目要求用 PLC 实现三相异步电动机的正、反转控制。

1. 控制要求

（1）能够用按钮控制三相异步电动机的正、反转启动和停止。

（2）具有短路保护和过载保护等必要的保护措施。

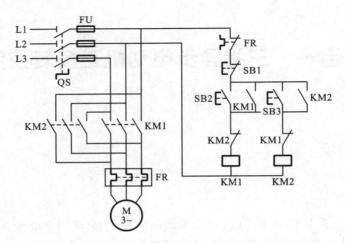

图 4-1　三相异步电动机正、反转电路原理图

表 4-1　电动机正、反转电路主要元器件及其在电路中的功能

代　号	名　称	用　途
KM1	交流接触器	正转控制
KM2	交流接触器	反转控制
SB2	正转启动按钮	正转启动控制
SB3	反转启动按钮	反转启动控制
SB1	停止按钮	停止控制
FR	热继电器	过载保护

三、相关知识

1. 可编程控制器控制系统和继电器逻辑控制系统的比较

图 4-2 所示是传统继电器逻辑控制系统框图,控制信号对设备的控制是通过控制线路板的接线实现的。在这种控制系统中,要实现不同的控制需求必须改变控制电路的接线。

图 4-3 所示是可编程控制器控制系统框图,通过输入端子接收外部输入信号。按下按钮 SB1,输入继电器 X0 线圈得电,X0 动合触点闭合、动断触点断开;而对于输入继电器 X1 来说,由于外接的是按钮 SB2 的常闭触点,因此未按下 SB1 时,输入继

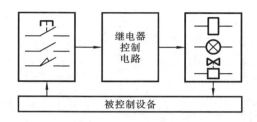

图 4-2　继电器逻辑控制系统框图

电器 X1 得电,其动合触点闭合、动断触点断开,而当按下 SB2 时,输入继电器 X1 线圈失电,X1 的动合触点断开、动断触点闭合。因此,输入继电器只能通过外部输入信号驱动,不能由程序驱动。

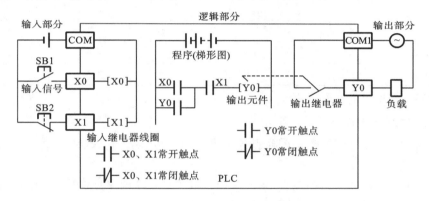

图 4-3　可编程控制器控制系统框图

　　输出端子是 PLC 向外部负载输出信号的窗口,输出继电器的输出触点接到 PLC 的输出端子上,若输出继电器得电,其触点闭合,电源加到负载上,负载开始工作。而输出继电器由事先编好的程序(梯形图)驱动,因此修改程序即可实现不同的控制要求,非常灵活方便。

2. 相关指令

1)逻辑取指令及驱动线圈指令

(1)指令功能。

LD(取指令):逻辑操作开始,将常开触点与左母线连接。

LDI(取反指令):逻辑操作开始,将常闭触点与左母线连接。

OUT(输出指令):将逻辑运算结果输出,是继电器线圈的驱动指令。

(2)程序举例。

[**例 4-1**]　LD、LDI 和 OUT 指令应用举例如图 4-4 所示,操作数如表 4-2 所示。

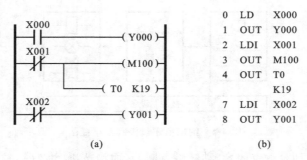

图 4-4   LD、LDI 和 OUT 指令应用示例

表 4-2   LD、LDI 和 OUT 指令操作数

指 令	继 电 器				定时器/计数器	
	X	Y	M	S	T	C
LD、LDI	A	A	A	A	A	A
OUT	N/A	A	A	A	A	A

注:A 表示可用,N/A 表示不可用。

（3）指令使用说明。

① LD 是电路开始的常开触点连到母线上,可以用于 X、Y、M、T、C 和 S 继电器。

② LDI 是电路开始的常闭触点连到母线上,可以用于 X、Y、M、T、C 和 S 继电器。

③ OUT 是驱动线圈的输出指令,可以用于 Y、M、T、C 和 S 继电器。

④ LD 与 LDI 指令对应的触点一般与左侧母线相连,若与后述的 ANB、ORB 指令组合,则可用于串、并联电路块的起始触点。

⑤ 输入继电器 X 不能使用 OUT 指令。

2）触点串联指令

（1）指令功能。

AND:将常开触点与另一个触点串联,指令的操作数是单个逻辑变量。

ANI:将常闭触点与另一个触点串联,指令的操作数是单个逻辑变量。

（2）程序举例。

［例 4-2］ AND 和 ANI 指令应用举例的梯形图及指令如图 4-5 所示,操作数如表 4-3 所示。

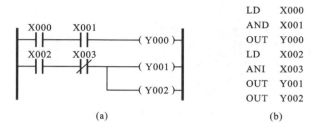

图 4-5　AND 和 ANI 指令应用示例

表 4-3　AND 和 ANI 指令操作数

指　　令	继　电　器				定时器/计数器	
	X	Y	M	S	T	C
AND、ANI	A	A	A	A	A	A

（3）指令使用说明。

①AND、ANI 指令只能用于单个触点的串联，串联触点的数量不限，即可以多次使用 AND、ANI 指令，若要串联某个由两个或两个以上触点并联而成的电路块，则需要使用后面讲的 ANB 指令。

②电路执行完 OUT 指令后，通过触点对其他线圈执行 OUT 指令，称为"纵接输出"。如图 4-6 所示，在输出 Y001 时，可以用"ANI X001"直接驱动；但在图 4-7 中，则需要用到 MPS 和 MPP 指令（后面会讲到）。

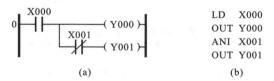

图 4-6　纵接输出应用示例

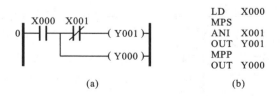

图 4-7　多重指令输出应用示例

图 4-8 所示为纵接输出应用示例。

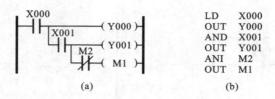

图 4-8 纵接输出应用示例

3) 触点并联指令 OR、ORI

(1) 指令功能。

OR：将常开触点与另一个触点并联，指令的操作数是单个逻辑变量。

ORI：将常闭触点与另一个触点并联，指令的操作数是单个逻辑变量。

(2) 程序举例。

[**例 4-3**] OR 和 ORI 指令应用举例的梯形图及指令如图 4-9 所示，操作数如表 4-4 所示。

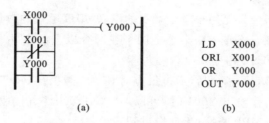

图 4-9 OR 和 ORI 指令应用示例

表 4-4 OR 和 ORI 指令操作数

指　　令	继　电　器				定时器/计数器	
	X	Y	M	S	T	C
OR、ORI	A	A	A	A	A	A

(3) 指令使用说明。

OR、ORI 指令只能用于单个触点的并联，并联触点的数量不限，即可以多次使用 OR、ORI 指令。若要并联某个由两个或两个以上触点串联而成的电路块，则需要使用后面讲的 ORB 指令。

四、任务实施

1. 输入/输出分配表

三相异步电动机正、反转控制电路的输入/输出分配如表 4-5 所示。

表 4-5　三相异步电动机正、反转控制电路输入/输出分配表

输　　入			输　　出		
输入设备	代号	输入点编号	输出设备	代号	输出点编号
停止按钮(常开)	SB1	X001	正转接触器	KM1	Y001
正转按钮	SB2	X002	反转接触器	KM2	Y002
反转按钮	SB3	X003			
热继电器触点(常开)	FR	X004			

2. 输入/输出接线图

用三菱 FX_{2N} 系列可编程控制器实现三相异步电动机正、反转控制的输入/输出接线,如图 4-10 所示。

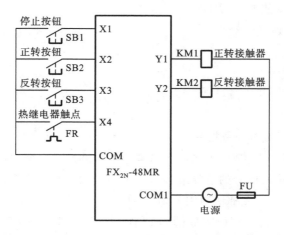

图 4-10　电动机正、反转 PLC 控制系统的输入/输出接线图

3. 编写梯形图程序

根据三相异步电动机正、反转的控制要求,编写梯形图程序如图 4-11 所示。

4. 系统调试

(1) 在断电状态下,连接好 PC/PPI 电缆。

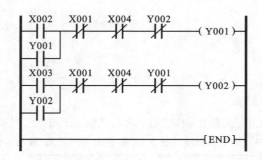

图 4-11 三相异步电动机正、反转控制梯形图程序

（2）将 PLC 运行模式选择开关拨到 STOP 位置，此时 PLC 处于停止状态，可以进行程序编写。

（3）在作为编程器的计算机上，运行 GX Developer 编程软件。

（4）将图 4-11 所示的梯形图程序输入计算机中。

（5）将程序文件下载到 PLC 中。

（6）将 PLC 运行模式的选择开关拨到 RUN 位置，使 PLC 进入运行方式。

（7）在教师的现场监护下进行通电调试，验证系统功能是否符合控制要求。

（8）如果出现故障，应分别检查硬件接线和梯形图程序是否有误，修改完成后应重新调试，直至系统能够正常工作。

（9）记录程序调试的结果。

五、知识拓展

1. 上升沿和下降沿的取指令

上升沿的取指令 LDP 用于在输入信号的上升沿接通一个扫描周期，下降沿的取指令 LDF 用于在输入信号的下降沿接通一个扫描周期。指令后缀 P 表示上升沿有效，F 表示下降沿有效，在梯形图中分别用 ↑ 和 ↓ 表示。

LDP、LDF 指令的使用说明如图 4-12 所示。使用 LDP 指令，Y1 在 X1 的上升沿时刻（由 OFF 到 ON 时）接通，接通时间为一个扫描周期；使用 LDF 指令，Y2 在 X3 的下降沿时刻（由 ON 到 OFF 时）接通，接通时间为一个扫描周期。

2. 上升沿和下降沿的与指令

ANDP 为在上升沿进行与逻辑操作的指令，ANDF 为在下降沿进行与逻辑操作的指令。ANDP、ANDF 指令的使用如图 4-13 所示。使用 ANDP 指令编程，使输出

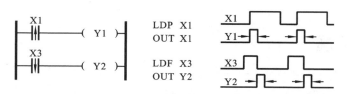

图 4-12　LDP、LDF 指令的使用

继电器 Y1 在辅助继电器 M1 闭合后，且在 X1 的上升沿（由 OFF 到 ON）时接通一个扫描周期；使用 ANDF 指令编程，使 Y2 在 X2 闭合后，且在 X3 的下降沿（由 ON 到 OFF）时接通一个扫描周期。即 ANDP、ANDF 指令仅在上升沿和下降沿进行一个扫描周期与逻辑运算。

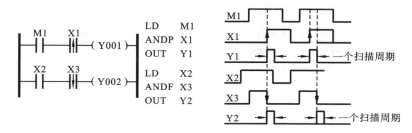

图 4-13　ANDP、ANDF 指令的使用

3. 上升沿和下降沿的或指令

ORP 为在上升沿进行或逻辑操作的指令，ORF 为在下降沿进行或逻辑操作的指令。

ORP、ORF 指令的使用如图 4-14 所示。使用 ORP 指令编程，使辅助继电器 M0 仅在 X0、X1 的上升沿（由 OFF 到 ON）时接通一个扫描周期；使用 ORF 指令编程，Y0 仅在 X4、X5 的下降沿（由 ON 到 OFF）时接通一个扫描周期。

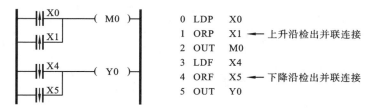

图 4-14　ORP、ORF 指令的使用

六、任务拓展

用基本指令编制单台电动机实现三地控制启动、停止的 PLC 控制程序,安装接线并调试运行。

七、巩固与提高

(1)指出图 4-11 梯形图程序中的自锁和互锁,并解释为什么能自锁和互锁。

(2)根据图 4-11 给出的梯形图程序列出指令表。

(3)请总结什么情况下需要用自锁,什么情况下需要用互锁。

(4)试编写单台电动机实现两地控制的梯形图和指令程序。

项目二　抢答器控制系统

一、学习目标

知识目标

（1）熟练掌握三菱 FX_{2N} 系列 PLC 的电路块连接指令，能够进行简单的逻辑控制程序设计。

（2）能够正确编制、输入和传输抢答器 PLC 控制程序。

能力目标

（1）能够独立完成抢答器 PLC 控制线路的连接。

（2）按规定进行通电调试，出现故障时，能根据设计要求独立检修，直至系统正常工作。

二、项目介绍

设有四组抢答器，有四位选手，一位主持人，主持人有一个开始答题按钮，一个系统复位按钮。抢答器控制系统由主持人和各参赛队组成，当主持人发出抢答开始以后，各参赛队按抢答器才有效，哪队先按抢答器该队前面的指示灯亮，其他队再按抢答器将无效。抢答完成，主持人按复位按钮，抢答器复位，可进入下一轮抢答。抢答器模块的控制面板如图 5-1 所示。

三、相关知识

1. 电路块串联指令

1）指令功能

ANB 指令功能：将两个逻辑块串联，以实现两个逻辑块的"与"运算。该指令助

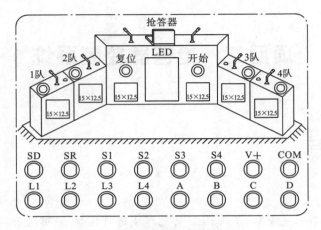

图 5-1   抢答器模块的控制面板

记符后面不带操作数。

2）程序举例

[例 5-1]   ANB 指令应用举例的梯形图及指令如图 5-2 所示。

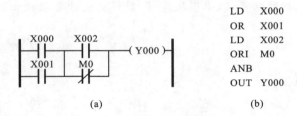

```
LD    X000
OR    X001
LD    X002
ORI   M0
ANB
OUT   Y000
```

(a)   (b)

图 5-2   ANB 指令应用示例

3）使用说明

ANB 指令不带操作元件,后面不跟任何软元件编号。每个电路块都要以 LD 或 LDI 开始。ANB 指令使用次数不受限制。ANB 指令也可以集中使用,集中使用次数不得超过 8 次。

2. 电路块并联指令

1）指令功能

ORB 指令功能:将两个逻辑块并联,以实现两个逻辑块的"或"运算。该指令助记符后面不带操作数。

2）程序举例

[例 5-2]   ORB 指令应用举例的梯形图及指令如图 5-3 所示。

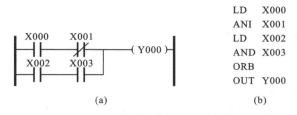

```
LD    X000
ANI   X001
LD    X002
AND   X003
ORB
OUT   Y000
```

(a)　　　　　　　(b)

图 5-3　ORB 指令应用示例

3）使用说明

ORB 与 ANB 指令相似。如果有 n 个电路块并联/串联，ORB/ANB 指令应使用 n−1 次。两者均可分开或集中使用，集中使用次数均不得超过 8 次，如图 5-4 所示。

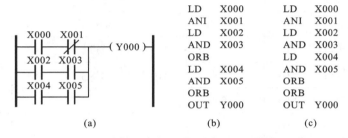

```
LD    X000       LD    X000
ANI   X001       ANI   X001
LD    X002       LD    X002
AND   X003       AND   X003
ORB              LD    X004
LD    X004       AND   X005
AND   X005       ORB
ORB              ORB
OUT   Y000       OUT   Y000
```

(a)　　　　　　(b)　　　　　　(c)

图 5-4　ORB 指令应用示例

图 5-5 所示为 ORB 与 ANB 指令混合使用的示例。

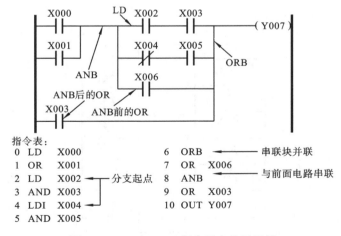

指令表：

```
0  LD   X000        6  ORB        ← 串联块并联
1  OR   X001        7  OR   X006
2  LD   X002  ┐分支起点  8  ANB   ← 与前面电路串联
3  AND  X003  │        9  OR   X003
4  LDI  X004  ┘        10 OUT  Y007
5  AND  X005
```

图 5-5　ORB 与 ANB 指令混合使用示例

四、任务实施

1. 输入/输出分配表

抢答器控制电路输入/输出分配如表 5-1 所示。

表 5-1 抢答器控制电路输入/输出分配表

输	入		输	出	
输入设备	代号	输入点编号	输出设备	代号	输出点编号
开始答题按钮	SB1	X000	1 号正常答题指示灯	L1	Y000
系统复位按钮	SB2	X001	2 号正常答题指示灯	L2	Y001
1 号选手抢答按钮	SB3	X002	3 号正常答题指示灯	L3	Y002
2 号选手抢答按钮	SB4	X003	4 号正常答题指示灯	L4	Y003
3 号选手抢答按钮	SB5	X004			
4 号选手抢答按钮	SB6	X005			

2. 输入/输出接线图

用三菱 FX_{2N} 系列可编程控制器实现抢答器控制的输入/输出接线,如图 5-6 所示。

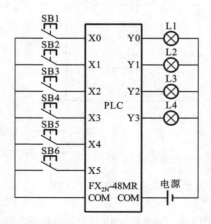

图 5-6 抢答器 PLC 控制系统的输入/输出接线图

3. 编写梯形图程序

根据抢答器系统的控制要求,编写的梯形图程序如图 5-7 所示。

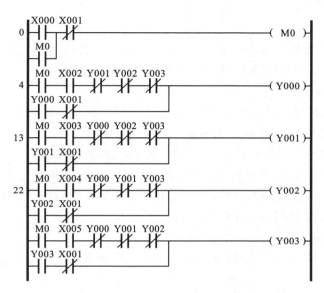

图 5-7　参考梯形图程序

4. 系统调试

(1) 在断电状态下,连接好 PC/PPI 电缆。

(2) 将 PLC 运行模式选择开关拨到 STOP 位置,此时 PLC 处于停止状态,可以进行程序编写。

(3) 在作为编程器的计算机上,运行 GX Developer 编程软件。

(4) 将图 5-7 所示的梯形图程序输入计算机中。

(5) 将程序文件下载到 PLC 中。

(6) 将 PLC 运行模式的选择开关拨到 RUN 位置,使 PLC 进入运行方式。

(7) 在教师的现场监护下进行通电调试,验证系统功能是否符合控制要求。

(8) 如果出现故障,应分别检查硬件接线和梯形图程序是否有误,修改完成后应重新调试,直至系统能够正常工作。

(9) 记录程序调试的结果。

五、知识拓展

除了前面介绍的电路块串联指令(ANB)和电路块并联指令(ORB)外,还有多重输出电路指令(MPS/MRD/MPP),下面对其进行详细介绍。

1. 指令功能

MPS(进栈指令):将本指令处以前的运算结果送入堆栈暂存,供反复使用。

MRD(读栈指令):读出由 MPS 指令存储的结果。

MPP(出栈指令):读出并清除由 MPS 指令存储的结果。

这三条指令统称为堆栈指令,堆栈是 PLC 中一段特殊的存储区域,从上到下分为 11 层,按照"先进后出,后进先出"的原则进行存取。堆栈指令的操作数隐含。堆栈指令主要用于对梯形图程序的分支点进行处理。

2. 程序举例

[例 5-3]　MPS、MRD、MPP 指令应用举例的梯形图程序及指令分别如图 5-8、图 5-9 所示。

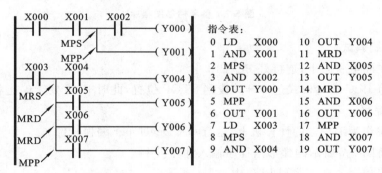

指令表:

```
0 LD   X000     10 OUT  Y004
1 AND  X001     11 MRD
2 MPS           12 AND  X005
3 AND  X002     13 OUT  Y005
4 OUT  Y000     14 MRD
5 MPP           15 AND  X006
6 OUT  Y001     16 OUT  Y006
7 LD   X003     17 MPP
8 MPS           18 AND  X007
9 AND  X004     19 OUT  Y007
```

图 5-8　多重输出电路指令的应用:简单 1 层栈

3. 指令使用说明

(1) MPS 指令可将多重电路的公共触点或电路块先存储起来,以便后面的多重电路的输出支路使用。在多重电路的第一个支路前使用 MPS 进栈指令,在多重电路的中间支路前使用 MRD 读栈指令,在多重电路的最后一个支路前使用 MPP 出栈指令。该组指令没有操作元件。

(2) FX$_{2N}$ 系列 PLC 有 11 个存储中间运算结果的堆栈存储器,堆栈采用先进后出的数据存取方式。每使用一次 MPS 指令,当时的逻辑运算结果压入堆栈的第一

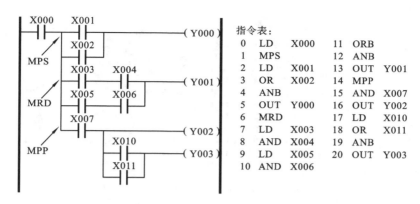

图 5-9　多重输出电路指令的应用:复杂 1 层栈

层,堆栈中原来的数据依次向下一层推移。

（3）MRD 指令功能是读取存储在堆栈最上层（即电路分支处）的运算结果,将下一个触点强制性地连接到该点。读栈后堆栈内的数据不会上移或下移。

（4）MPP 指令功能是弹出堆栈存储器的运算结果,首先将下一个触点连接到该点,然后从堆栈中去掉分支点的运算结果。使用 MPP 指令时,堆栈中各层的数据向上移动一层,最上层的数据在弹出后从栈内消失。

（5）处理最后一条支路时必须使用 MPP 指令,而不是 MRD 指令,且 MPS 和 MPP 的使用不得多于 11 次,并且要成对出现。

六、任务拓展

设计一个四路抢答器,编制 PLC 控制程序,安装接线并调试运行。

要求:SB0～SB3 为四个抢答器按钮,当任何时候按任何一个抢答按钮并抢答成功后,对应输出灯亮,并显示相应数字（七段数码显示）。此时再按其余三个按钮则均无效,要按 SB4 按钮清除后方可进行新一轮抢答（注:不考虑 PC 扫描周期时间差对抢答的影响）。

七、巩固与提高

（1）根据图 5-10 中的指令程序,画出对应的梯形图程序。

步序	操作码	操作数
0	LD	X000
1	OR	Y001
2	LD	X002
3	AND	X003
4	LDI	X004
5	AND	X005
6	ORB	
7	OR	X006
8	ANB	
9	OR	X003
10	OUT	Y000
11	END	

图 5-10　指令程序 1

(2) 试根据图 5-11 所示的 PLC 梯形图程序,编写其程序指令。

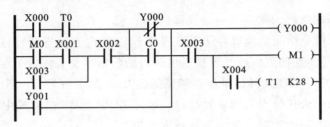

图 5-11　梯形图程序 2

(3) 设计一个八路抢答器,SB0～SB7 为八个抢答器按钮,Y0～Y7 分别代表 8 只输出灯。当任何时候按任何一个抢答按钮,抢答成功后,对应输出灯亮,此时再按其余 7 个抢答器按钮均无效,如果要清除可按 SB9,方可进行新一轮抢答(注:不考虑 PLC 扫描周期时间差对抢答的影响)。

项目三 三相异步电动机星形-三角形降压启动控制

一、学习目标

知识目标

（1）熟练掌握三菱 FX_{2N} 系列 PLC 的定时器、计数器指令、置位和复位指令，能够进行简单的逻辑控制程序设计。

（2）能够正确编制、输入和传输三相异步电动机星形-三角形降压启动 PLC 控制程序。

能力目标

（1）能够独立完成三相异步电动机星形-三角形降压启动 PLC 控制线路的安装。

（2）按规定进行通电调试，出现故障时，应能根据设计要求独立检修，直至系统正常工作。

二、项目介绍

三相鼠笼式异步电动机全压直接启动时，启动电流是正常工作电流的 5～7 倍，当电动机功率较大时，很大的启动电流会对电网造成冲击。为了限制异步电动机启动电流过大，对于正常运转时定子绕组作三角形（△）连接的电动机，启动时先使定子绕组接成星形（丫），电动机开始转动，待电动机达到一定转速时，再把定子绕组改成三角形连接，使电动机正常运行。由于此法简便经济而得到普遍应用，继电器控制的丫-△降压启动控制原理图如图 6-1 所示，图中主要元器件的功能如表 6-1 所示。本项目要求用 PLC 的定时器指令和主控触点指令实现三相异步电动机的丫-△降压启动控制。

三相异步电动机的丫-△降压启动控制要求如下。

（1）能够用按钮控制电动机的启动和停止。

（2）电动机启动时定子绕组接成星形，延时一段时间后，自动将电动机的定子绕组换接成三角形。

（3）具有必要的保护措施。

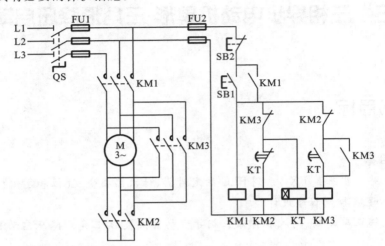

图 6-1 电动机 Y-△ 降压启动接触器控制电路

表 6-1 电动机 Y-△ 降压启动电路主要元器件及其在电路中的功能

代　　号	名　　称	用　　途
KM1	交流接触器	电源控制
KM2	交流接触器	星形连接
KM3	交流接触器	三角形连接
KT	时间继电器	延时自动转换控制
SB1	启动按钮	启动控制
SB2	停止按钮	停止控制

由图 6-1 可见，Y-△切换时间由时间继电器 KT 控制，而在 PLC 中时间的控制由定时器来完成。下面学习定时器指令的用法。

三、相关知识

1. 定时器(T)的应用

前面讲过 FX$_{2N}$ 系列 PLC 的定时器分为通用定时器和积算定时器两种。它们通过对一定周期的时钟脉冲进行累计而实现定时,时钟脉冲周期有 1 ms、10 ms 和

100 ms 三种,当计数达到设定值时触点动作。设定值可用常数(K)或数据寄存器(D)的内容来设置。

定时器的通道范围如下。

100 ms 通用定时器 T0~T199,共 200 点,设定值为 0.1~3276.7 s;

10 ms 通用定时器 T200~T245,共 46 点,设定值为 0.01~327.67 s;

1 ms 积算定时器 T246~T249,共 4 点,设定值为 0.001~32.767 s;

100 ms 积算定时器 T250~T255,共 6 点,设定值为 0.1~3276.7 s。

1) 断电延时电路

三菱 FX$_{2N}$ 系列 PLC 的定时器只有通电延时功能,如果要实现断电延时功能就必须通过断电延时电路,如图 6-2 所示。

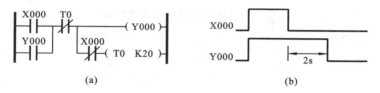

(a)　　　　　　　　　(b)

图 6-2　2 s 断电延时电路

当 X000 接通时,Y000 接通;当 X000 断开时,定时器 T0 开始延时,2 s 后延时时间到,其常闭触点断开,Y000 断开。

2) 定时关断电路

如图 6-3(a)、(b)所示,当 X000 接通时,Y000 接通,同时定时器 T0 开始延时;3 s后(X000 已断开)延时时间到,T0 常闭触点断开,Y000 和 T0 断开。这里 X000 接通的时间不能超过 T0 的延时时间,否则 3 s 后 T0 断开,其常闭触点闭合复位,Y000 又接通了,将图 6-3(a)改成图 6-3(c)就可解决此问题。

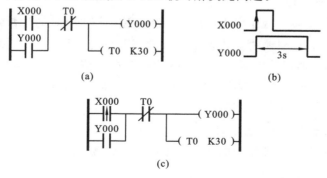

图 6-3　定时关断电路

3)定时器与定时器串级电路

定时器的延时时间受设定值范围的限制,最多延时 3276.7 s。如果需要更长的延时功能,可以通过定时器与定时器串级电路来实现,如图 6-4 所示。

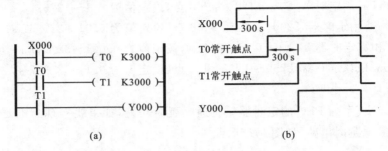

(a)   (b)

图 6-4　定时器与定时器串级电路

4)闪烁电路

在 PLC 控制中经常需要用到接通与断开时间比例固定的交替信号,可以通过特殊辅助继电器 M8013(1 s 时钟脉冲)等来实现,但是这种脉冲脉宽不可调整,可以通过图 6-5 所示电路来实现脉宽可调的闪烁电路。

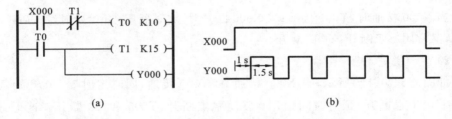

(a)   (b)

图 6-5　闪烁电路

2. 计数器的应用

前面讲过计数器在程序中用做计数控制,FX_{2N} 系列 PLC 的计数器共有两种:内部信号计数器和高速计数器。内部信号计数器又分为两种:16 位递加计数器和 32 位增/减计数器。通用计数器用于记录变化较缓慢的信号变化,这类信号的频率比 PLC 的扫描频率低,当信号频率比较高时,应使用高速计数器记录频率较快的信号变化。

1)定时器与计数器串级电路

除了定时器与定时器串级电路之外,还可以通过定时器与计数器串级电路来扩展延时时间,如图 6-6 所示。

在图 6-6 中,定时器 T0 每隔 5 s 给计数器 C0 发一个计数脉冲,当 C0 计数当前

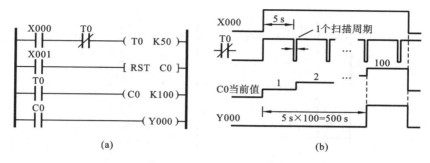

(a)　　　　　　　　　(b)

图 6-6　定时器与计数器串级电路

值达到 100 时,其常开触点接通 Y000,此时共延时了 5 s×100=500 s。

2)累加计数器电路

类似于定时器与定时器串级扩展定时范围的方法,还可以通过两个计数器串级使用来扩展计数范围,如图 6-7 所示。

在图 6-7 中,计数器对计数脉冲 X000 计数,当当前计数值到达 300 时,C0 的常开触点闭合,计数器 C1 当前值加 1,而 C0 的常开触点将自身复位又重新计数。这样,计数器 C0 每计 300 个数,计数器 C1 计 1 个数,当计数器 C1 的当前计数值等于300 时,C1 常开触点闭合,接通 Y000。从对 X000开始计数到 Y000 接通,X000 一共产生了 300×300=90000 个计数脉冲。

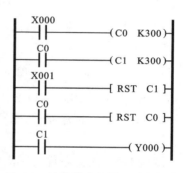

图 6-7　计数器串级扩展计数范围

3. SET、RST(置位与复位)指令

1)指令功能

SET:置位指令,使被操作的目标元件置位并保持。

RST:复位指令,使被操作的目标元件复位并保持清零状态。

2)程序举例

[例 6-1]　SET、RST 指令应用举例的梯形图程序及指令如图 6-8 所示。

当 X000 的常开触点闭合时,Y000 变为 ON 状态并一直保持该状态,即使 X000的常开触点断开,Y000 的 ON 状态仍维持不变;只有当 X001 的常开触点闭合时,Y000 才变为 OFF 状态。

3)指令使用说明

(1) SET 指令的目标元件为 Y、M、S;RST 指令的目标元件为 Y、M、S、T、C、D、

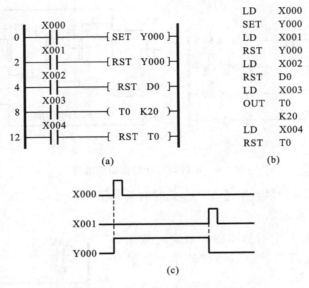

图 6-8   SET、RST 指令应用示例

V、Z。RST 指令常用来对 D、Z、V 的内容清零,还用来复位积算定时器和计数器。

(2) 对于同一目标元件,SET、RST 可多次使用,顺序也可随意,但最后执行者有效。

(3) 置位和复位条件同时满足时,复位优先。

四、任务实施

1. 输入/输出分配表

三相异步电动机丫-△降压启动控制电路的输入/输出分配如表 6-2 所示。

表 6-2   三相异步电动机丫-△降压启动控制电路输入/输出分配表

输 入			输 出		
输入设备	代号	输入点编号	输出设备	代号	输出点编号
启动按钮	SB1	X000	主电源接触器	KM1	Y000
停止按钮	SB2	X001	星形连接接触器	KM2	Y001
热继电器(常开)	FR	X002	三角形连接接触器	KM3	Y002

2. 输入/输出接线图

用三菱 FX$_{2N}$ 型可编程控制器实现三相异步电动机丫-△降压启动控制的输入/输出接线,如图 6-9 所示。

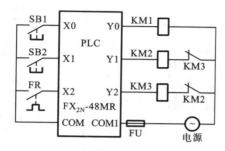

图 6-9 电动机丫-△降压启动 PLC 控制系统的输入/输出接线图

3. 编写梯形图程序

根据三相异步电动机丫-△降压启动的控制要求,在原有继电器电路的基础上,通过相应的转换,编写的梯形图程序如图 6-10 所示(用堆栈指令和基本指令编程)。

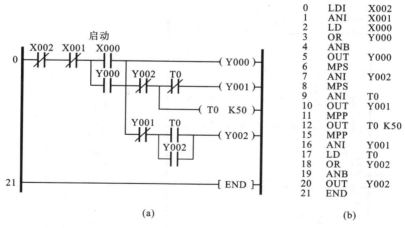

(a)   (b)

图 6-10 三相异步电动机丫-△降压启动控制梯形图程序

(a)梯形图程序;(b)指令程序

在图 6-10 中,要用到 ANB、MPS 等指令,因此,可进一步将程序用辅助继电器优化成如图 6-11 所示的梯形图程序和指令程序;若用主控触点优化,则可得图 6-12 所示的梯形图程序和指令程序。

4. 系统调试

(1)在断电状态下,连接好 PC/PPI 电缆。

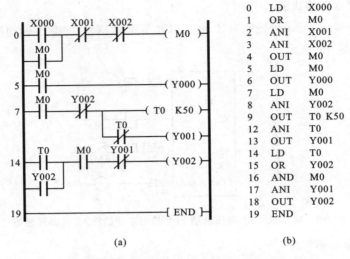

图 6-11　用辅助继电器优化后的梯形图程序和指令程序

(a)梯形图程序；(b)指令程序

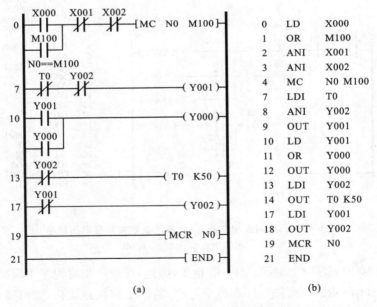

图 6-12　用主控触点优化后的梯形图程序和指令程序

(a)梯形图程序；(b)指令程序

（2）将 PLC 运行模式选择开关拨到 STOP 位置，此时 PLC 处于停止状态，可以进行程序编写。

（3）在作为编程器的计算机上，运行 GX Developer 编程软件。

（4）将图 6-10 或图 6-11 或图 6-12 所示的梯形图程序输入到计算机中。

（5）将程序文件下载到 PLC 中。

（6）将 PLC 运行模式的选择开关拨到 RUN 位置，使 PLC 进入运行方式。

（7）在教师的现场监护下进行通电调试，验证系统功能是否符合控制要求。

（8）如果出现故障，应分别检查硬件接线和梯形图程序是否有误，修改完成后应重新调试，直至系统能够正常工作。

（9）记录程序调试的结果。

五、知识拓展

前面介绍了 SET、RST（置位与复位）指令，下面介绍 MC、MCR（主控与主控复位）指令。

1. 指令功能

主控指令 MC 的功能：通过 MC 指令操作元件的常开触点将左母线移位，产生一根临时的左母线，形成主控电路模块。其操作元件分为两部分：一部分是主控标志 N0～N7，一定要从小到大使用；另一部分是具体的操作元件，可以是输出继电器 Y、辅助继电器 M，但不能是特殊功能辅助继电器。

主控复位指令 MCR 的功能：使主控指令产生的临时左母线复位，即左母线返回，结束主控电路模块。MCR 指令的操作元件是主控标志 N0～N7，且必须与主控指令相一致，返回时一定是从大到小使用。

2. 程序举例

［例 6-2］　MC、MCR 指令应用举例的梯形图程序及指令程序如图 6-13 所示。

3. 指令使用说明

（1）MC、MCR 指令总是成对出现且编号相同。使用 MC 时，主控标志 N0～N7 必须顺序增加；使用 MCR 时，主控标志必须顺序减小。

（2）在一对主控指令（MC、MCR）之间可以嵌套其他对主控指令，但不能产生交叉。主控嵌套不得超过 8 层，如图 6-14 所示。

（3）MC 指令不能直接从母线开始，必须要有控制触头。

（4）当预置触发信号断开时，在 MC 和 MCR 之间的程序只是处于停控状态，此

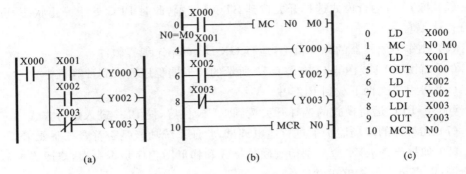

图 6-13 MC、MCR 指令应用示例

(a)多路输出梯形图程序；(b)主控梯形图程序；(c)主控指令程序

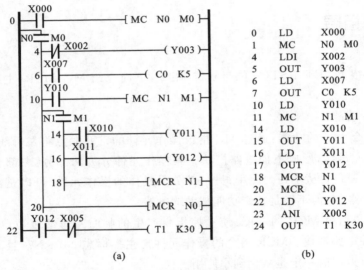

图 6-14 主控指令嵌套使用

(a)梯形图程序；(b)指令程序

时 CPU 仍然扫描这段程序。

六、任务拓展

有一润滑装置,进行润滑 10 min、间歇 5 min 的循环。在间歇状态下,指示灯 HL1 长亮,等待时间超过 5 min 时,HL1 由长亮变为每秒闪烁亮 2 次;当开始润滑

时,HL1 熄灭,HL2 长亮。编制其 PLC 程序,安装接线并调试运行。

七、巩固与提高

(1) 将图 6-15 所示的各梯形图程序转化为指令程序。

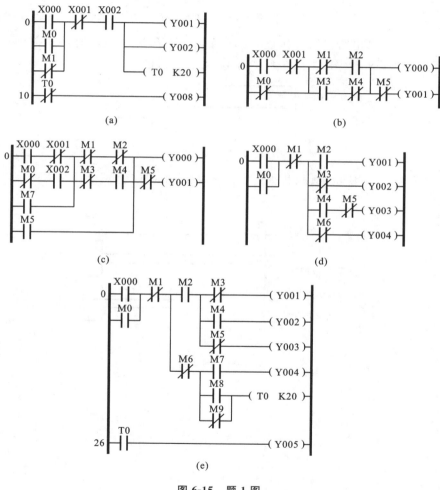

图 6-15 题 1 图

(2) 根据图 6-16 所示时序图的控制要求设计梯形图程序,并写出指令程序。

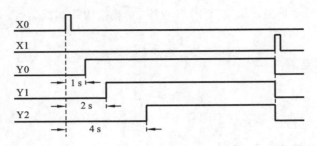

图 6-16   题 2 图

（3）延时断开电路：当 X0 接通时，Y0 接通；当 X0 由通变断时，Y0 延长一定时间断开。工艺要求时序图如图 6-17 所示，试设计梯形图程序。

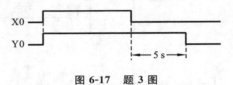

图 6-17   题 3 图

（4）如图 6-18 所示，根据电动机丫-△换接启动时序图，试设计梯形图程序并上机调试。

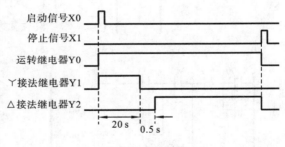

图 6-18   题 4 图

项目四　音乐喷泉 PLC 控制

一、学习目标

知识目标

（1）熟练掌握三菱 FX_{2N} 系列 PLC 的取反指令、空操作指令、结束指令和脉冲微分指令，熟练掌握三菱 FX_{2N} 系列 PLC 定时器指令的应用。

（2）能够正确编制、输入和传输音乐喷泉控制系统 PLC 的控制程序。

能力目标

（1）通过实践操作使学生能较熟练地运用基本指令编写 PLC 应用程序，初步掌握运用基本指令编程的思想和方法。

（2）能完成音乐喷泉控制系统的接线、调试、操作。

二、项目介绍

有些场合用音乐喷泉进行装饰，可以烘托气氛。

该项目要求合上启动按钮后，按以下规律：1→2→3…→8→1,2→3,4→5,6→7,8→1,2,3→4,5,6→7,8→1→2…模拟喷泉"水流"状态。如此循环，周而复始。音乐喷泉的控制面板如图 7-1 所示。

三、相关知识

1. INV（"/"）取反指令

1）指令功能

INV 指令功能：将该指令前的运算结果取反。

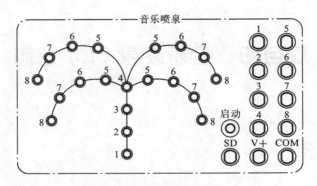

图 7-1   音乐喷泉的控制面板图

2）程序举例

[例 7-1]   INV 指令应用举例的梯形图程序及指令程序如图 7-2 所示。

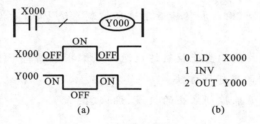

图 7-2   INV 指令应用示例

图 7-2 中,当 X000 接通,经 INV 指令取反运算后,Y000 断开;当 X000 断开,经 INV 指令取反运算后,Y000 接通。

3）指令使用说明

（1）INV 指令是将 INV 指令执行之前的结果取反,该指令不需要指定特定的软元件。

（2）使用 INV 指令编程时,可以在 AND 或 ANI,ANDP 或 ANDF 指令的位置后编程,也可以在 ORB、ANB 指令后编程,但不能像 OR、ORI、ORP、ORF 指令那样单独并联使用,也不能像 LD、LDI、LDP、LDF 那样直接与左母线相连。

2. NOP(空操作)指令

1）指令功能

NOP 指令功能:不产生实质性操作。

2）程序举例

[例 7-2]   NOP 指令应用举例的梯形图程序及指令程序如图 7-3 所示。

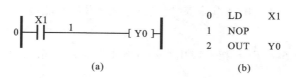

图 7-3　NOP 指令应用示例

3）指令使用说明

在程序中插入空操作指令可对程序进行分段,使程序在检查或修改时易读。当插入 NOP 指令时,程序的容量稍有增加,但对逻辑运算结果无影响。

3. END(程序结束)指令

1）指令功能

END 指令功能:为程序结束指令。

2）程序举例

[例 7-3]　END 指令应用举例的梯形图程序及指令程序如图 7-4 所示。

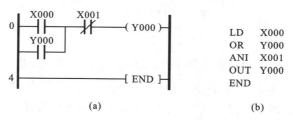

图 7-4　END 指令应用示例

3）指令使用说明

(1) PLC 在执行程序时,一旦执行到 END 指令,便不再扫描和执行 END 指令后面的程序,即结束程序的扫描和执行,转入输出处理阶段。如果在程序中没有 END 指令,则 PLC 从用户程序的第 0 步开始,扫描执行到程序存储器的最后一步。

(2) 在程序调试时,可在程序中插入若干 END 指令,将程序划分若干段,在确定前面程序段无误后,依次删除 END 指令,直至调试结束。

4. 脉冲微分指令 PLS、PLF

1）指令功能

脉冲上升沿微分指令 PLS 的功能:在输入信号的上升沿产生一个周期的脉冲输出。

脉冲下降沿微分指令 PLF 的功能:在输入信号的下降沿产生一个周期的脉冲输出。

操作元件:可以是输出继电器 Y、辅助继电器 M,但不能是特殊辅助继电器。

2)程序举例

[例 7-4] PLS 和 PLF 指令应用举例的梯形图程序及指令程序分别如图 7-5 和图 7-6 所示。

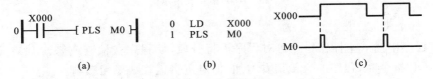

图 7-5 PLS 指令的使用

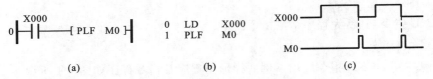

图 7-6 PLF 指令的使用

3)指令使用说明

(1)PLS、PLF 指令的目标元件为输出继电器 Y 和辅助继电器 M。

(2)使用 PLS 时,仅在驱动输入为 ON 后的一个扫描周期内目标元件为 ON 状态,如图 7-5 所示。即 M0 仅在 X000 的常开触点由断开到接通时的一个扫描周期内为 ON 状态。使用 PLF 指令时只是利用输入信号的下降沿驱动,其他与 PLS 相同。

(3)PLS 指令与 LDP、ANDP、ORP 等效,PLF 指令与 LDF、ANDF、ORF 等效。

四、任务实施

1. 输入/输出分配表

音乐喷泉控制电路的输入/输出分配如表 7-1 所示。

表 7-1 音乐喷泉 PLC 控制电路的输入/输出分配表

输 入			输 出		
输入设备	代号	输入点编号	输出设备	代号	输出点编号
启动按钮(常开)	SD	X000	喷泉 1 模拟指示灯	1 号灯	Y000
			喷泉 2 模拟指示灯	2 号灯	Y001

续表

输　　入			输　　出		
输入设备	代号	输入点编号	输出设备	代号	输出点编号
			喷泉 3 模拟指示灯	3 号灯	Y002
			喷泉 4 模拟指示灯	4 号灯	Y003
			喷泉 5 模拟指示灯	5 号灯	Y004
			喷泉 6 模拟指示灯	6 号灯	Y005
			喷泉 7 模拟指示灯	7 号灯	Y006
			喷泉 8 模拟指示灯	8 号灯	Y007

2. 输入/输出接线图

用三菱 FX_{2N} 型 PLC 实现音乐喷泉控制的输入/输出接线,如图 7-7 所示。

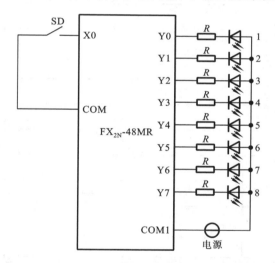

图 7-7　音乐喷泉 PLC 控制系统输入/输出接线图

3. 编写梯形图程序

音乐喷泉控制系统的控制程序如图 7-8 所示。

4. 系统调试

(1) 在断电状态下,连接好 PC/PPI 电缆。

(2) 将 PLC 运行模式选择开关拨到 STOP 位置,此时 PLC 处于停止状态,可以进行程序编写。

(3) 在作为编程器的计算机上运行 GX Developer 编程软件。

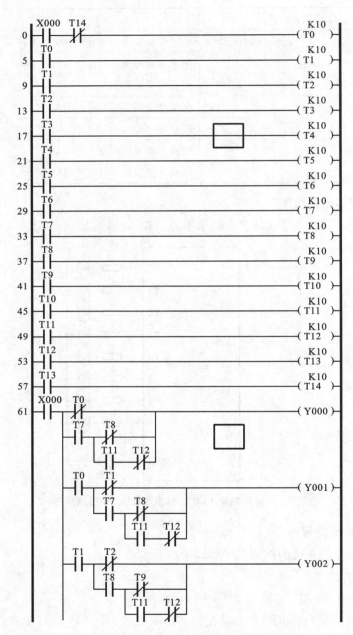

图 7-8 音乐喷泉控制 PLC 梯形图程序

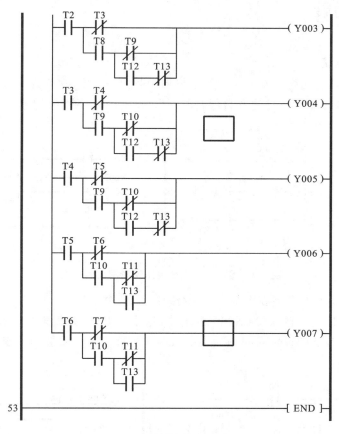

续图 7-8

（4）将图 7-8 所示的梯形图程序输入到计算机中。

（5）将程序文件下载到 PLC 中。

（6）将 PLC 运行模式的选择开关拨到 RUN 位置，使 PLC 进入运行方式。

（7）在教师的现场监护下进行通电调试，验证系统功能是否符合控制要求。

（8）如果出现故障，应分别检查硬件接线和梯形图程序是否有误，修改完成后应重新调试，直至系统能够正常工作。

（9）记录程序调试的结果。

五、知识拓展

1. 计时电路

(1) 得电延时闭合。在图 7-9 所示梯形图程序中,当 X000 为 ON 时,其常开触点闭合,辅助继电器 M0 接通并自保,同时 T0 开始计时,在 20×100 ms＝2 s 后,T0 常开触点闭合,Y000 得电动作。

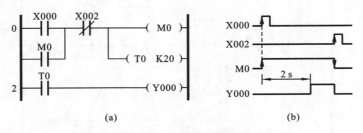

(a)　　　　　　　　　　　　　(b)

图 7-9　得电延时闭合电路梯形图及时序图

(2) 失电延时断开。在图 7-10 所示梯形图程序中,当 X000 为 ON 时,其常开触点闭合,Y000 接通并自保;当 X000 断开时,定时器 T0 开始得电延时,当 X000 断开的时间达到定时器的设定时间 10×100 ms＝1 s 时,Y000 才由 ON 变为 OFF,实现失电延时断开。

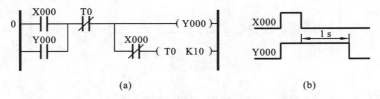

(a)　　　　　　　　　　　　　(b)

图 7-10　失电延时断开电路梯形图及时序图

(3) 长时间计时电路。

① 定时器与定时器串级使用:FX$_{2N}$系列 PLC 定时器的延时都有一个最大值,如 100 ms 的定时器最大延时时间为 3276.7 s。若工程中所需要的延时大于选定的定时器的最大值,则可采用多个定时器串级使用进行延时,即先启动一个定时器计时,用第一个定时器延时到时的常开触点启动第二个定时器延时,再使用第二个定时器启动第三个,如此下去,用最后一个定时器的常开触点去控制被控对象,最终的延时为各个定时器的延时之和,如图 7-11 所示。

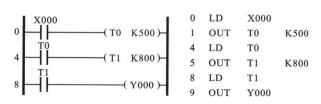

图 7-11　定时器与定时器串级使用

②定时器与计数器串级使用：采用计数器配合定时器也可以获得较长时间的延时，如图 7-12 所示。当 X000 保持接通时，电路工作，定时器 T0 的线圈的前面接有定时器 T0 的延时断开的常闭触点，它使定时器 T0 每隔 200 s 复位一次。同时，定时器 T0 的延时闭合的常开触点每隔 200 s 接通一个扫描周期，使计数器 C1 计数一次。当 C1 计数到设定值 8 时，将被控对象 Y000 接通，其延时为定时器的设定时间乘以计数器的设定值，即 $t = 200 \text{ s} \times 8 = 1600 \text{ s}$。

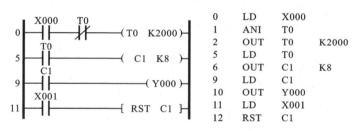

图 7-12　定时器与计数器串级使用

2. 大容量计数电路

FX_{2N} 系列 PLC 的 16 位计数器的最大值计数次数为 32767。若工程中所需要的计数次数大于计数器的最大值，则可以采用 32 位计数器，也可采用多个计数器的设定值相加串级计数，或采用两个计数器的设定值相乘串级计数，从而获得较大的计数次数。

（1）多个计数器相加串级计数。采用多个计数器的设定值相加串级计数，就是先用计数脉冲启动一个计数器计数，计数次数到时，用第一个计数器的常开触点和计数脉冲串联启动第二个计数器计数，再使用第二个计数器启动第三个，如此下去，用最后一个计数器的常开触点去驱动被控对象，最终的计数次数为各个计数器的设定值之和。若 n 个计数器串级相加，则其最大计数值为 32767n（次）。在图 7-13 所示的梯形图程序中，得到的计数值为 500＋600＝1100 次。

（2）多个计数器相乘串级计数。采用多个计数器的设定值相乘串级计数，即第一个计数器 C1 对输入脉冲进行计数，第二个计数器 C2 对第一个计数器 C1 的脉冲

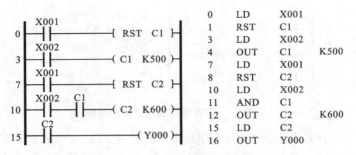

图 7-13　两个计数器相加串级

进行计数,当 C1 计数到设定值时,计数器 C1 的常开触点又复位计数器 C1 的线圈,计数器 C1 又开始计数,再使用第二个计数器 C2 计数到设定值,此时启动第三个,如此下去,用最后一个计数器的常开触点去驱动控制对象,最终的计数次数为各个计数器的设定值之积。若 n 个计数器相乘串级计数,则其最大计数值为 32767^n 次。在图7-14所示梯形图程序中,得到的计数值为 $500 \times 600 = 300000$ 次。

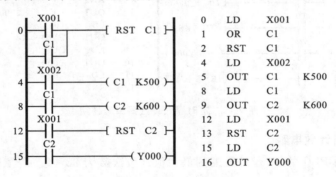

图 7-14　两个计数器相乘串级计数

3. 振荡电路

振荡电路可以产生特定的通/断时序脉冲,并应用在脉冲信号源或闪光报警电路中。

(1) 定时器组成的振荡电路。定时器组成的振荡电路如图 7-15(先断后通)和图 7-16(先通后断)所示,改变 T0、T1 的参数值,可以调整 Y000 的输出脉冲宽度。

(2) 应用特殊辅助继电器 M8013 时钟脉冲产生振荡电路。如图 7-17 所示,M8013 为 1 s 的时钟脉冲,所以 Y000 输出脉冲宽度也是 0.5 s。

4. 分频电路

用 PLC 可以实现对输入信号进行分频。图 7-18(a)所示为脉冲二分频电路的梯形图程序,由图可见,在第一个扫描周期中,将输入脉冲信号加入 X001 端,辅助继电

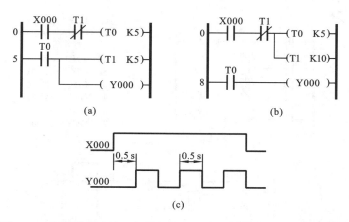

图 7-15　定时器组成的振荡电路(先断后通)梯形图程序和输出波形

(a)定时器分别计时;(b)定时器累计计时;(c)波形图

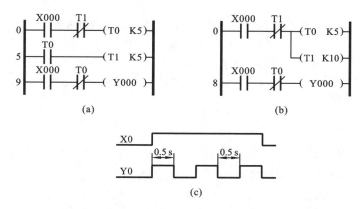

图 7-16　定时器组成的振荡电路(先通后断)梯形图程序和输出波形

(a)定时器分别计时;(b)定时器累计计时;(c)波形图

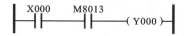

图 7-17　应用特殊辅助继电器 M8013 产生的振荡电路梯形图程序

器 M1 接通一个扫描周期 T,使线圈 Y002 接通并自保。经一个扫描周期后,在第二个扫描周期内,第二个输入脉冲来到时,辅助继电器 M1 接通,M1 常开触点使线圈 Y001 接通,Y001 常闭触点断开,使线圈 Y002 断电。上述过程循环往复,使输出 Y002 的频率为输入端信号 X001 的频率的一半,实现了 Y002 输出波形为 X001 输入波形的二分频,二分频的电路时序图如图 7-18(b)所示。

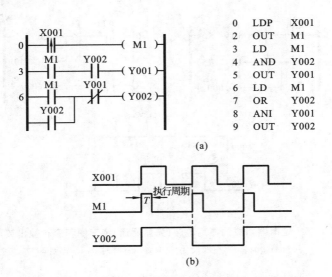

图 7-18　二分频电路的梯形图、指令程序和时序图

(a)梯形图和指令程序；(b)时序图

六、任务拓展

设计一顺序控制电路,要求上电后 0~7 号输出指示灯能全亮,按启动信号后按下列次序递减熄灭运行,且按停止按钮能随时停止。

0,1,2,3,4,5,6,7→0,1,2,3,4,5,6→0,1,2,3,4,5→0,1,2,3,4→0,1,2,3→0,1,2→0,1→0→结束(速率为每秒 1 步)

编制其 PLC 程序,安装接线并调试运行。

七、巩固与提高

(1) 按如下要求进行设计:有 6 盏灯,按下启动按钮后,按顺序依次点亮,间隔时间为 2 s,等 6 盏灯全亮以后,再以相同的顺序依次熄灭,间隔时间同样为 2 s;6 盏灯全亮时,按下停止按钮有效且所有灯立即熄灭,否则一直按上述规律循环点亮、熄灭。

(2) 用 PLC 的内部定时器设计一个延时电路,按图 7-19 所示功能要求:

① 当 X000 接通时,Y000 延时 10 s 后才接通;

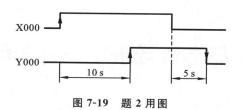

图 7-19　题 2 用图

② 当 X000 断开时，Y000 延时 5 s 后才断开。

（3）试编写如下程序：合上运行开关后，Y0～YF 输出继电器以 2 s 的间隔从左向右依次逐个输出，再以 1 s 的间隔从右向左依次逐个输出，如此循环 3 次后自动停止。

项目五　四节传送带运输机的传送系统

一、学习目标

知识目标

（1）能熟练地运用三菱 FX$_{2N}$ 系列 PLC 的基本指令系统进行编程。

（2）能掌握启动、保持、停止程序的编写及使用。

能力目标

（1）能进行四节传送带控制系统的设计、接线、调试和操作。

（2）操作过程中出现故障时，能根据设计要求独立检修，直至系统正常工作。

二、项目介绍

如图 8-1 所示，有一个四节传送带运输机的传送系统，分别用四台电动机驱动，控制要求如下。

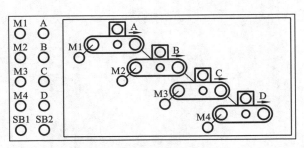

图 8-1　四节传送带控制面板图

（1）系统由电动机 M1、M2、M3、M4 和故障设置开关 A、B、C、D 组成，完成物料的运送、故障停止等功能。

（2）闭合"启动"开关，首先启动最末一节传送带（电动机 M4），每经过 1 s 延时，依次启动另一节传送带（电动机 M3、M2、M1）。

（3）当某节传送带发生故障时，该传送带及其前面的传送带立即停止，而该传送带以后的传送带待运完货物后方可停止。例如，M2 存在故障，则 M1、M2 立即停止，经过 1 s 延时后，M3 停止，再过 1 s，M4 停止。

（4）排出故障，打开"启动"开关，系统重新启动。

（5）关闭"启动"开关，先停止最前一节传送带（电动机 M1），待料运送完毕后再依次停止电动机 M2、M3 及 M4。

三、相关知识

本项目要求闭合"启动"开关后，首先启动最末一节传送带（电动机 M4），经过1 s 延时，依次启动另一节传送带（电动机 M3），以此类推，最后启动电动机 M1。停止时，先停止最前一节传送带（电动机 M1），待料运送完毕后再依次停止电动机 M2、M3 及 M4。此控制要求就是典型的顺序启动、逆序停止控制系统，编写此类程序时可以由定时器来实现，参考梯形图程序如图 8-2 所示。

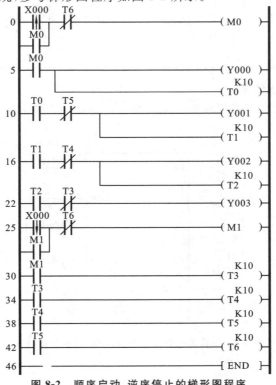

图 8-2　顺序启动、逆序停止的梯形图程序

四、任务实施

1. 输入/输出分配表

四节传送带控制系统的输入/输出分配如表 8-1 所示。

表 8-1　四节传送带控制系统输入/输出分配表

输　入			输　出		
输入设备	代号	输入点编号	输出设备	代号	输出点编号
启动	SD	X000	电动机 M1	KM1	Y000
传送带 A 故障模拟	A	X001	电动机 M2	KM2	Y001
传送带 B 故障模拟	B	X002	电动机 M3	KM3	Y002
传送带 C 故障模拟	C	X003	电动机 M4	KM4	Y003
传送带 D 故障模拟	D	X004			

2. 输入/输出接线图

用三菱 FX_{2N} 型可编程控制器实现四节传送带控制系统的输入/输出接线,如图 8-3 所示。

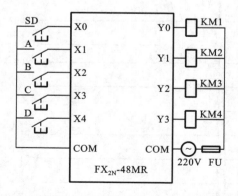

图 8-3　四节传送带控制系统的输入/输出接线图

3. 编写梯形图程序

根据四节传送带控制系统的控制要求,可参考如图 8-4 所示的流程图进行编程,参考梯形图程序如图 8-5 所示。

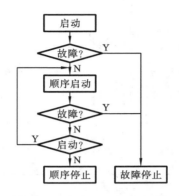

图 8-4　四节传送带控制系统程序编写流程图

4. 系统调试

(1) 在断电状态下,连接好 PC/PPI 电缆。

(2) 将 PLC 运行模式选择开关拨到 STOP 位置,此时 PLC 处于停止状态,可以进行程序编写。

(3) 在作为编程器的计算机上,运行 GX Developer 编程软件。

(4) 将图 8-5 所示的梯形图程序输入到计算机中。

(5) 将程序文件下载到 PLC 中。

(6) 将 PLC 运行模式的选择开关拨到 RUN 位置,使 PLC 进入运行方式。

(7) 在教师的现场监护下进行通电调试,验证系统功能是否符合控制要求。

(8) 打开"启动"开关后,系统进入自动运行状态,调试四节传送带控制程序并观察四节传送带的工作状态。

(9) 将 A、B、C、D 开关中的任意一个打开,模拟传送带发生故障,观察电动机 M1、M2、M3、M4 的工作状态。

(10) 在调试过程中,如果出现故障,应分别检查硬件接线和梯形图程序是否有误,修改完成后应重新调试,直至系统能够正常工作。

(11) 记录程序调试的结果。

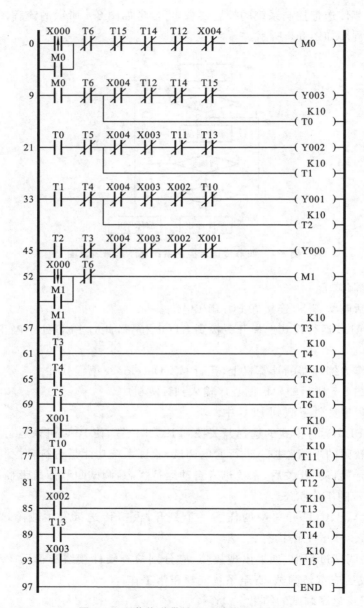

图 8-5　四节传送带控制系统梯形图程序

五、任务拓展

设计一电动机顺序启、停控制电路,要求:

第一台电动机 M1 运转 10 s、停止 5 s;第二台电动机 M2 运转 5 s、停止 10 s;第三台电动机 M3 在 M1、M2 都停止时启动,在 M1、M2 都运行时停止;第四台电动机 M4 在 M3 第二次启动后启动,在 M3 第三次启动时停止;按下停止按钮,四台电动机都停止。编制其 PLC 程序,安装接线并调试运行。

六、巩固与提高

(1) 多节皮带输送机示意图如图 8-6 所示。控制要求如下:

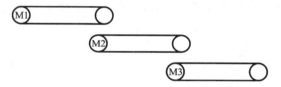

图 8-6 多节皮带输送机示意图

① 按启动按钮,电动机 M3 启动 2 s 后 M2 自动启动,M2 启动 2 s 后 M1 自动启动;

② 按停止按钮,电动机 M1 停车 3 s 后 M2 自动停车,M2 停车 3 s 后 M3 自动停车;

③ 当 M2 异常停车时,M1 也跟着立即停车,3 s 后 M3 自动停车;

④ 当 M3 异常停车时,M1 和 M2 也跟着立即停车。

根据控制要求,设计 PLC 控制系统,并上机调试。

(2) 有两组灯分别为 A 组 Y0~Y3,B 组 Y4~Y7。当按下 SB1 后,A 组灯逐步点亮(后亮前保持),速率为 1.5 s/步,直至全部点亮。同时(即按下 SB1 后)B 组灯依次点亮(后亮前灭),速率为 1 s/步,当 B 组灯运行 2 次循环后(即 Y7 第二次点亮延时 1 s 后),A 组与 B 组的所有灯作 1 s 亮/0.5 s 灭闪亮,任何时候按下 SB2 所有灯全部熄灭。

项目六　水塔、水池水位自动运行控制系统

一、学习目标

知识目标

(1) 掌握 PLC 程序设计的基本方法。

(2) 能熟练地运用三菱 FX_{2N} 系列 PLC 基本指令进行编程。

能力目标

(1) 能完成水塔、水池水位自动运行控制系统的设计、安装和调试。

(2) 在调试过程中,出现故障时,能根据设计要求独立检修,直至系统正常工作。

二、项目介绍

水塔、水池水位控制面板如图 9-1 所示,各限位开关定义如下。

S1 定义为水塔水位上部传感器(ON:液面已到水塔上限位,OFF:液面未到水塔上限位)。

S2 定义为水塔水位下部传感器(ON:液面已到水塔下限位,OFF:液面未到水塔下限位)。

S3 定义为水池水位上部传感器(ON:液面已到水池上限位,OFF:液面未到水池上限位)。

S4 定义为水池水位下部传感器(ON:液面已到水池下限位,OFF:液面未到水池下限位)。

其控制要求如下。

(1) 当水池中的水位低于 S4 时,阀门 Y 开启,系统开始向水池中注水,5 s 后如果水池中的水位还未达到 S4,则 Y 指示灯闪亮,系统报警。

(2) 当水池中的水位高于 S3、水塔中的水位低于 S2 时,则电动机 M 开始运转,水泵开始由水池向水塔中抽水。

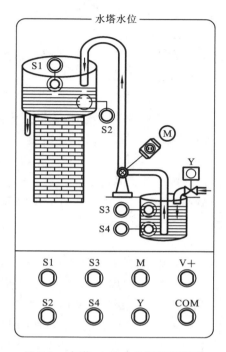

图 9-1　水塔、水池水位控制面板图

（3）当水塔中的水位高于 S1 时，电动机 M 停止运转，水泵停止向水塔抽水。

三、相关知识

梯形图程序设计是指用户编写程序的设计过程，即结合被控制对象的控制要求和现场信号，对照 PLC 的软元件，画出梯形图，进而写出指令程序的过程。

梯形图程序设计有许多种方法，常用的方法有继电器电路转换法、经验设计法和顺序控制设计法等。如何从这些方法中掌握程序设计的技巧，不是一件容易的事，它需要编程人员熟练掌握程序设计的方法，在此基础上积累一定的编程经验。

1. 继电器电路转换法

继电器电路转换法就是将继电器电路图转换成与原有功能相同的 PLC 内部的梯形图。这种等效转换是一种简便快捷的编程方法。其主要优点在于：原继电控制系统经过长期使用和考验，已经被证明能完成系统要求的控制功能；继电器电路图与 PLC 的梯形图在表示方法和分析方法上有很多相似之处，因此根据继电器电路图来设计梯形图简便快捷;另外,这种设计方法一般不需要改动控制面板,保持了原有系统的外部特性,操作人员不用改变长期形成的操作习惯。其缺点是:用继电器电路转换法设计梯形图的前提是必须有继电器控制电路图,因此,对于没有继电器控制电路图的控制系统,就无法使用这种方法。

1) 基本方法

用继电器电路转换法来设计 PLC 的梯形图时,关键是要抓住继电器控制电路图与 PLC 梯形图之间的一一对应关系,即控制功能、逻辑功能的对应,以及继电器硬件元件与 PLC 软元件的对应。

2) 继电器电路转换法设计的一般步骤

(1) 根据继电器电路分析和掌握其控制系统的工作原理,熟悉被控设备的工艺过程和机械的动作情况。

(2) 确定 PLC 的输入信号和输出信号,画出 PLC 的外部接线示意图。继电器电路中的按钮、行程开关、接近开关、控制开关和各种传感器信号等的触点接在 PLC 的输入端,用 PLC 的输入继电器来替代,用来给 PLC 提供控制命令和反馈信号;交流接触器和电磁阀等执行机构的硬件线圈接在 PLC 的输出端,用 PLC 的输出继电器来替代。确定输入继电器和输出继电器的元件号,画出 PLC 的外部接线图。

(3) 确定 PLC 梯形图中的辅助继电器(M)、定时器(T)和计数器(I)的元件号。继电器电路中的中间继电器、时间继电器和计数器的功能用 PLC 内部的辅助继电器(M)、定时器(T)和计数器(I)来替代,并确定其对应关系。

(4) 根据上述对应关系画出 PLC 的梯形图。前面已建立了继电器电路中的硬件元件与 PLC 梯形图中的软元件之间的对应关系,现可将继电器电路图转换成对应的 PLC 梯形图。

(5) 根据梯形图编程的基本规则,进一步优化梯形图。

3) 设计注意事项

(1) 应遵守梯形图语言中的语法规定。例如,在继电器控制电路中,触点可以放在线圈的左边或右边,而在梯形图中,触点只能放在线圈的左边,线圈必须与右母线连接。

(2) 常闭触点提供的输入信号的处理。如果在梯形图转换过程中仍采用在继电器控制电路中使用的常闭触点,使其与继电器控制电路相一致,那么在输入信号接线时就一定要接本触点的常开触点。

(3) 外部互锁电路的设定。为了防止外部两个不可同时动作的接触器同时动作,除了在梯形图中设立软件互锁外,还应在 PLC 外部设置硬件互锁电路。

(4) 时间继电器瞬动触点的处理。对于有瞬动触点的时间继电器,可以在梯形图的定时器线圈的两端并联辅助继电器,这个辅助继电器的触点可以当做时间继电器的瞬动触点使用。

(5)热继电器过载信号的处理。如果热继电器为自动复位型,其触点提供的过载信号就必须通过输入点将信号提供给 PLC;如果热继电器为手动复位型,可以将其常闭触点串联在 PLC 输出电路中的交流接触器的线圈上。当然,过载时接触器断电,电动机停转,但 PLC 的输出依然存在,因为 PLC 没有得到过载的信号。

4)应用举例

[**例 9-1**]　将项目三的三相异步电动机丫-△降压启动控制的继电器电路转换为功能相同的 PLC 外部接线图和梯形图。

(1)分析控制系统的工作原理(见项目三)。

(2)确定输入/输出信号,分配输入/输出端口地址(见项目三中表 6-2)。

(3)画出外部接线示意图(见项目三中图 6-9)。

(4)画出直接转换后的梯形图(见项目三中图 6-10)。

(5)对直接转换后的梯形图进行优化(见项目三中图 6-11)。

2. 经验设计法

经验设计法就是依据设计者的经验进行设计的方法。采用经验设计法设计程序时,将生产机械的运动分成各自独立的简单运动,分别设计这些简单运动的控制程序,再根据各自独立的简单运动,设计必要的联锁和保护环节。这种设计方法要求设计者掌握大量的控制系统的实例和典型的控制程序。设计程序时,还需要经过反复修改和完善,才能符合控制要求。这种设计方法没有规律可以遵循,具有很大的试探性和随意性,最后的结果因人而异,不是唯一的。经验设计法一般用于较简单的控制系统程序设计。

下面通过例子介绍这种方法的基本思路。

[**例 9-2**]　运料小车自动控制的梯形图程序设计。

(1)被控对象的控制要求。图 9-2 所示的送料小车在限位开关 SQ1(X003)处装料,20 s 后装料结束,开始右行,碰到限位开关 SQ2(X004)后停下来卸料,25 s 后左行,碰到限位开关 SQ1 后又停下来装料;这样不停地循环工作,直到按下停止按钮SB3(X002)。小车的右行和左行启动分别用按钮 SB1(X000)和 SB2(X001)来实现。

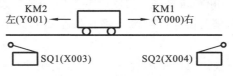

图 9-2　运料小车运行示意图

（2）程序设计思路。以电动机正、反转控制的梯形图为基础，设计送料小车 PLC 控制梯形图程序，如图 9-3 所示。为使小车自动停止，将 X003 和 X004 的常闭触点分别与 Y000 和 Y001 的线圈串联。为使小车自动启动，将控制装、卸料延时的定时器 T0 和 T1 的常开触点分别与手动启动右行和左行的 X000 和 X001 的常开触点并联，并用两个限位开关对应的 X003 和 X004 的常开触点分别接通装料、卸料电磁阀和相应的定时器。

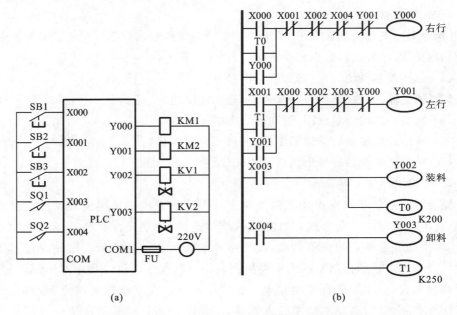

图 9-3   送料小车自动控制 I/O 接线图及梯形图程序

(a)I/O 接线图；(b)梯形图程序

（3）程序分析。设小车在启动时是空车，按下左行启动按钮 X001，Y001 线圈得电，小车开始左行，碰到左限位开关 X003 时，X003 的常闭触点断开，使 Y001 线圈失电，小车停止左行。同时 X003 的常开触点闭合，使 Y002 和 T0 的线圈得电，小车开始装料和延时。20 s 后，T0 的常开触点闭合，使 Y000 线圈得电，小车右行。当小车离开左限位开关后，X003 的常开触点断开，Y002 和 T0 的线圈失电，小车停止装料，T0 被复位。对小车右行和卸料过程的分析与对左行和装料过程的分析基本相同，请读者自己分析。如果小车正在运行时按下停止按钮 X002，小车将停止运行，系统停止工作。

经验设计法对于一些比较简单的程序，可以起到快速、简单的效果。但是，由于这种方法主要依靠设计人员的经验进行设计，所以对设计人员的要求也比较高，特别是要求设计者有一定的实践经验,对工业控制系统和工业上常用的各种典型环节比较熟悉。经验设计法没有规律可循,具有很大的试探性和随意性,往往需要经多次反复修改和完善才能符合设计要求,所以设计的结果往往不是很规范。

经验设计法一般适合于设计一些简单的梯形图程序或复杂系统的某一局部程序(如手动程序等)。

3. 顺序控制设计法

顺序控制设计法,就是按照生产工艺预先规定的顺序,在各个输入信号的作用下,根据内部状态和时间的顺序,在生产过程中各个执行机构自动地、有秩序地进行操作。使用顺序控制设计法设计程序时,首先应根据系统的工艺过程画出顺序控制功能图,然后根据顺序控制功能图设计梯形图。

顺序控制设计法的最基本的思想是将系统的一个工作周期划分为若干个顺序相连的阶段,这些分阶段称为步(step),并用编程元件(如状态继电器 S 或内部辅助继电器 M)来代表各步。

顺序控制设计法用转换条件控制代表各步的编程元件,让它们的状态按一定的顺序变化,然后用代表各步的编程元件去控制 PLC 的各输出位。具体应用详见项目七、项目八。

四、任务实施

1. 输入/输出分配表

水塔、水池水位自动运行控制系统输入/输出分配如表 9-1 所示。

表 9-1 水塔、水池水位自动运行控制系统输入/输出分配表

输	入		输	出	
输入设备	代号	输入点编号	输出设备	代号	输出点编号
水塔水位上限位传感器	S1	X000	抽水电动机	M	Y000
水塔水位下限位传感器	S2	X001	进水阀门	Y	Y001
水池水位上限位传感器	S3	X002			
水池水位下限位传感器	S4	X003			

2. 输入/输出接线图

用三菱 FX₂ₙ 型 PLC 实现水塔、水池水位自动运行控制系统的输入/输出接线,如图 9-4 所示。

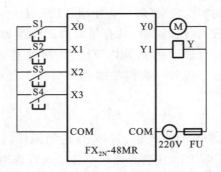

图 9-4 水塔、水池水位自动运行控制系统的输入/输出接线

3. 编写梯形图程序

根据水塔、水池水位自动运行控制系统的控制要求,可参考流程图 9-5 进行编程,编写的梯形图程序如图 9-6 所示。

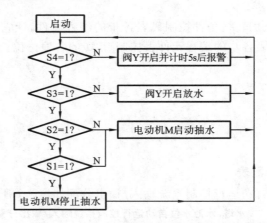

图 9-5 水塔、水池水位自动运行控制系统流程图

4. 系统调试

(1) 在断电状态下,连接好 PC/PPI 电缆。

(2) 将 PLC 运行模式选择开关拨到 STOP 位置,此时 PLC 处于停止状态,可以进行程序编写。

(3) 在作为编程器的计算机上,运行 GX Developer 编程软件。

(4) 将图 9-6 所示的梯形图程序输入到计算机中。

(5) 将程序文件下载到 PLC 中。

(6) 将 PLC 运行模式的选择开关拨到 RUN 位置,使 PLC 进入运行方式。

(7) 在教师的现场监护下进行通电调试,验证系统功能是否符合控制要求。

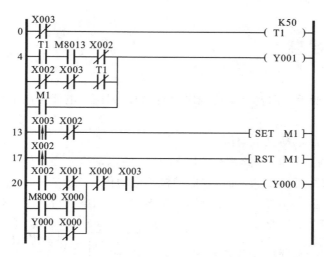

图 9-6　水塔、水池水位控制系统梯形图程序

（8）将各限位开关拨至以下状态：S1＝0、S2＝0、S3＝0、S4＝0，观察阀门 Y 的状态，5 s 后如果 S4 仍然未拨至 ON 状态，则 Y 状态如何。

（9）将 S4 拨至 ON，观察抽水电动机 M 状态，继而将 S1 拨至 ON，观察抽水电动机 M 的状态。

（10）如果出现故障，应分别检查硬件接线和梯形图程序是否有误，修改完成后应重新调试，直至系统能够正常工作。

（11）记录程序调试的结果。

五、任务拓展

采用 PLC 构成二层简易电梯控制系统。电梯的上、下行由一台电动机拖动，电动机正转为电梯上升，电动机反转为电梯下降。一层有上升呼叫按钮 SB11 和指示灯 HL11，二层有下降呼叫按钮 SB21 和指示灯 HL21。一至二层有到位行程开关 SQ1 和 SQ2，具体要求如下：电梯原停于一层，一层位置开关 SQ1 压下，一层指示灯 HL11 以 0.5 s 间隔闪亮；当二层有人按信号按钮 SB21 时，电梯上升，一层指示灯熄灭，上升指示灯亮，至位置开关 SQ2 时电梯停止，上升指示灯熄灭；且二层指示灯以 0.5 s 间隔闪亮；当一层有人按信号按钮 SB11 时电梯下降，上升指示灯、二层指示灯熄灭，下降指示灯亮，降至一层时，下降指示灯熄灭；一层指示灯以 0.5 s 间隔闪亮。

编制其 PLC 程序，安装接线并调试运行。

六、巩固与提高

（1）图 9-7 所示为两台电动机顺序运行的接触器-继电器控制电路,其功能要求如下。

① 接上电源,电动机不动作。

② 按 SB2 后,泵电动机动作;再按 SB4 后,主电动机才会动作。

③ 未按 SB2,而先按 SB4 时,主电动机不会动作。

④ 按 SB3 后,只有主电动机停转,而按 SB1 后,两电动机同时停转。

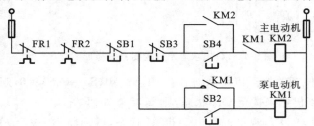

图 9-7 题 1 图

试将其改为 PLC 控制系统,编程要求如下。

① 列出输入/输出端口分配表。

② 画出梯形图和接线图。

③ 写出指令表程序。

（2）设计一个两动力头来回往返的 PLC 控制系统。图 9-8(a)所示是某机床的运动简图。行程开关 SQ1 为动力头 1 的原位开关,SQ2 为其终点限位开关;限位开关 SQ3 为动力头 2 的原位开关,SQ4 为其终点限位开关。SB2 为工作循环开始的启动按钮,M 是动力头的驱动电动机。试参照图 9-8(b)所示的机床工作循环图和图 9-8(c)所示的接触器-继电器控制电路图进行设计,要求:

① 列出输入/输出端口分配表;

② 画出梯形图和接线图;

③ 写出指令表程序。

（3）设计一小车自动运行控制系统,其功能要求如下。

按下自动开关时,小车自动运行,上电小车停于 A 点,A 点指示灯闪亮(亮 0.5 s,熄 0.5 s),按下启动按钮后,小车前进,前进指示灯闪亮,A 点指示灯熄灭;当前进至

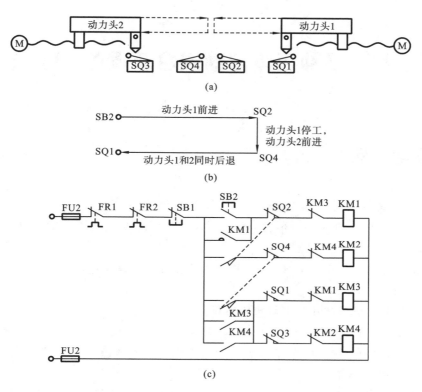

图 9-8　题 2 图

(a)机床运动简图；(b)机床工作循环图；(c)接触器-继电器控制电路

B 点，按下 SQ2 时小车停车，B 点指示灯闪亮，延时 10 s 后，小车自动返回，后退指示灯闪亮，当后退至 A 点，按下 SQ1 时，小车停止，A 点指示灯闪亮。3 s 后又前进，如此往复。

手动时，按着前进按钮，小车前进；按着后退按钮，小车后退。

① 列出输入/输出端口分配表。

② 画出梯形图和接线图。

③ 写出指令程序。

项目七　多种液体自动混合装置的 PLC 控制

一、学习目标

知识目标

（1）掌握 PLC 的另一种编程方法——状态转移图法，掌握状态转移图法的编程步骤。

（2）掌握步进指令的编程方法，同时要求能用步进指令灵活地实现从状态转移图到步进梯形图的转换。

（3）掌握单流程顺序控制结构的编程。

能力目标

（1）能根据项目要求，熟练地画出 PLC 控制系统的状态转移图、步进梯形图，并写出相应的指令程序。

（2）能完成多种液体自动混合装置的 PLC 控制系统的设计、安装和调试。

（3）调试过程出现故障时，应能根据设计要求独立检修，直至系统正常工作。

二、项目介绍

图 10-1 所示是由 PLC 控制的多种液体自动混合装置，适合如饮料的生产、酒厂的配液、农药厂的配比等。图中，L1、L2、L3 为液位传感器，液面淹没时接通，两种液体的流入和混合液体放液阀门分别由电磁阀 YV1、YV2、YV3 控制，M 为搅拌电动机，控制要求如下。

（1）初始状态。装置初始状态为：液体 A、液体 B 阀门关闭（YV1、YV2 为 OFF），放液阀门将容器放空后关闭。

（2）启动操作。按下启动按钮 SB1，液体混合装置开始按下列规律操作。

① YV1＝ON，液体 A 流入容器，液面上升；当液面达到 L2 处时，L2 为 ON，使 YV1 为 OFF，YV2 为 ON，即关闭液体 A 阀门，打开液体 B 阀门，停止液体 A 流入，

液体 B 开始流入，液面继续上升。

② 当液面上升到 L1 处时，L1 为 ON，使 YV2 为 OFF，电动机 M 为 ON，即关闭液体 B 阀门，液体停止流入，开始搅拌。

③ 搅拌电动机工作 60 s 后，停止搅拌（M 为 OFF），放液阀门打开（YV3 为 ON），开始放液，液面开始下降。

④ 当液面下降到 L3 处时，L3 由 ON 变为 OFF，再过 5 s，容器放空，使放液阀门 YV3 关闭，开始下一个循环周期。

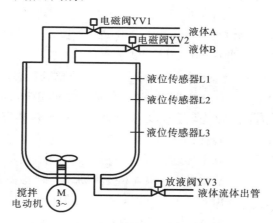

图 10-1　多种液体自动混合装置示意图

三、相关知识

1. 状态转移图与状态元件

使用基本指令编制的梯形图和指令程序虽然能达到控制要求，但也存在一些问题。例如，工艺动作烦琐；梯形图涉及的联锁关系较复杂，处理起来较麻烦；梯形图可读性差，很难从梯形图看出具体控制工艺过程等。为此，人们设计了一种易于构思、易于理解的图形程序设计工具，它既有流程图的直观，又有利于复杂控制逻辑关系的分解与综合，这种图就是状态转移图，也叫顺序功能图。对于复杂的控制系统，特别是复杂的顺序控制系统，一般采用步进顺序控制的编程方法。

三菱 FX$_{2N}$ 系列的小型 PLC 采用 IEC 标准的 SFC 语言，它以流程图的形式表示机械动作过程，可用于编制复杂的顺序控制程序。这种设计方法是一种先进的编程方法，很容易掌握，初学者也可以迅速地编制出复杂的顺序控制程序，对于有经验的工程师,也会提高设计的效率,并且对程序的调试、修改和阅读也很方便。

状态元件是用于步进顺序控制编程的重要软元件,随着状态动作的转移,原状态元件自动复位。状态元件的常开/常闭触点使用次数无限制。当状态元件不用于步进顺序控制时,状态元件也可作为辅助继电器用于程序当中,通常分为以下几种类型。

(1) 初始状态继电器 S0～S9,共 10 点。

(2) 回零状态继电器 S10～S19,共 10 点。

(3) 通用状态继电器 S20～S499,共 480 点。

(4) 停电保持状态继电器 S500～S899,共 400 点。

(5) 报警用状态继电器 S900～S999,共 100 点。

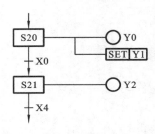

图 10-2　简化的状态转移图

图 10-2 所示是一个简单的状态转移图,其中,状态元件用方框表示,状态元件之间用带箭头的线段连接,表示状态转移的方向。垂直于状态转移方向的短线表示状态转移的条件,而状态元件方框右边连出的部分表示该状态下驱动的元件。在图 10-2 中,当状态元件 S20 有效时,输出的 Y0 和 Y1 被驱动。当转移条件 X0 满足后,状态由 S20 转入 S21,此时 S20 自动切除,Y0 复位,Y2 接通,但 Y1 是用 SET 指令置位的,未用 RST 指令复位前,Y1将一直保持接通。

由以上分析可知,状态转移图具有以下特点。

(1) 每一个状态都是由一个状态元件控制的,以确保状态控制正常进行。在状态转移图中,每一个状态是采用状态元件 S(S0～S999)进行标定识别的。其中,S0～S9 用作初始状态,是状态转移图的起始状态,S10～S19 用作回零状态,S20～S899用作一般通用状态,S900～S999 用作报警状态。状态继电器使用时可按编号顺序使用,也可任意使用,但不允许重复使用,即每一个状态都是由唯一的一个状态元件控制的。

(2) 每一个状态都具有驱动元件的能力,能够使该状态下要驱动的元件正常工作,当然不一定在每个状态下都要驱动元件,应视具体情况而定。

(3) 每一个状态在转移条件满足时都会转移到下一个状态,而原状态自动切除。

一般情况下,一个完整的状态转移图包括:该状态的控制元件(S×××)、该状态的驱动元件(Y、M、T、C)、该状态向下一个状态转移的条件以及转移方向。

特别指出:在状态转移过程中,在一个扫描周期内,会出现两个状态同时动作的可能性,因此,两个状态中不允许同时动作的驱动元件之间应进行联锁控制,如图

10-3 所示。

由于在一个扫描周期内,可能会出现两个状态同时动作,因此,在相邻两个状态中不能出现同一个定时器,否则指令相互影响,而使定时器无法正常工作,如图 10-4 所示。

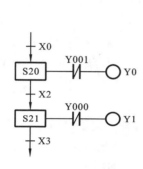

图 10-3　两个状态中不允许同时动作的驱动
元件之间应进行联锁控制

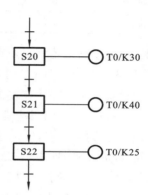

图 10-4　相邻两个状态中不允许
出现同一个定时器

2. 状态转移图绘制及规则

状态转移图可以将控制的顺序清晰地表示出来,正确绘制状态转移图是编制步进梯形图的基础,也便于机械工程技术人员与电气工程技术人员之间的技术交流与合作。绘制状态转移图的步骤如下。

(1)根据工艺流程要求划分"步"(状态),并确定每步的输出。

(2)确定步与步之间的转换条件。

(3)画出步序图。

(4)将步序图转换为状态转移图。

[**例 10-1**]　有一小车,开始时停止在左侧,并按下限位开关 SQ2。按下启动按钮 SB1,小车开始右行,按下限位开关 SQ1 时变为左行,重新按下 SQ2 时,小车重新变为右行,按下 SQ3 时变为左行,再次按下左侧限位 SQ2 时,小车停止在初始位置。已知小车输入/输出点数分配表(见表 10-1),试绘制该控制过程的状态转移图。

表 10-1　小车往返控制的输入/输出分配表

输 入			输 出		
输入设备	代号	输入点编号	输出设备	代号	输出点编号
启动按钮	SB1	X000	左行继电器	KM1	Y000
限位开关1	SQ1	X001	右行继电器	KM2	Y001

输　入			输　出		
输入设备	代号	输入点编号	输出设备	代号	输出点编号
限位开关 2	SQ2	X002			
限位开关 3	SQ3	X003			

解　(1)根据工艺流程要求划分"步",并确定每步的输出。

分析题目要求,将小车的运动过程分为初始状态、右行、左行、右行、左行。其中,初始状态时小车停止在左侧,所以没有任何输出。左行状态下,左行继电器 KM1 得电,右行状态下,右行继电器 KM2 得电。

(2)分析题目要求,确定各步之间的转换条件。

运行开始条件,即由初态到第一次右行的转换条件为按下启动按钮 SB1;由第一次右行变为左行的转换条件为按下右限位开关 SQ1。其余转换条件依次可以确定。

(3)根据确定的步序和相应转换条件画出步序图,如图 10-5 所示。

(4)将步序图转换为状态转移图。

将步序图中的初始位置用状态器 S0 表示,其余各步逐次用 S20～S23 表示。步序图中的各步驱动的输出元件等分别用相应软元件代替,然后确定转换条件。在初始位置的上方加入特殊辅助继电器 M8002 作为初始化脉冲条件。启动条件和其他转换条件分别由输入/输出点数分配表中确定的对应软元件标号代替,状态转移方向不变。图 10-5 所示步序图就转换为如图 10-6 所示的状态转移图了。注意,这只是一个最简单的例子,如果控制要求中还有关于计数、计时的要求,则应在相应的步

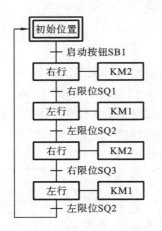

图 10-5　小车往返运动步序图

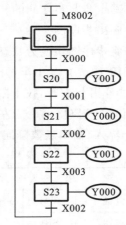

图 10-6　小车往返运动状态转移图

骤中添加计数器、定时器输出,如果遇某些元件需要被置位或复位的要求,可以在相应步骤中添加驱动置位或复位指令。

通过上面的分析,可以归纳得到绘制状态转移图必须遵循的 6 个规则。

(1) 步与步之间必须有转换隔开。

(2) 转换与转换之间必须有步隔开。

(3) 步与转换、转换与步之间用有向线段(状态转移方向)连接,画状态转移图的方向是从上到下或从左到右,按照正常顺序画图时,有向线段可以不加箭头,从下向上、从右向左方向的箭头不可省略。

(4) 一个状态转移图中至少有一个初始步。

(5) 自动控制系统应能多次重复执行同一工作过程,因此在状态转移图中应由步和有向连线构成一回路使之能够循环工作,以体现工作周期的完整性,回原点等要求自复位的序列结构除外。

(6) 必须要有初始化信号,将初始步预置为活动步,否则状态转移图中永远不会出现活动步,系统将无法工作。

3. 步进顺序控制指令

确定 FX 系列 PLC 在 SFC 程序总体结构与流程后,各状态中的控制指令无法在 SFC 中进行显示与编辑,它需要通过步进梯形图以指令表或梯形图的形式编辑。

FX$_{2N}$系列 PLC 步进顺序控制指令主要是 STL 和 RET 指令。

1) 步进接点指令 STL

STL 是状态母线生成指令,母线用状态元件的触点控制。状态元件的触点闭合,与母线相连的梯形图工作,否则梯形图无效。

STL 指令使用说明如下。

(1) STL 母线上需要直接输出的线圈应首先编程,不可以使用 LD、LDI 等指令控制了输出后再回到直接输出。

(2) STL 母线不可以直接使用 MPS、MRD、MPP 等堆栈指令,但在使用了 LD、LDI 等指令后可以使用堆栈指令,如图 10-7 所示。

(3) 在中断处理程序、子程序内不能使用 STL 指令。

(4) 在 STL 指令范围内可使用跳转指令,但其动作较复杂,尽量不要使用。

(5) 在 STL 指令内不可以使用主控指令 MC 和 MCR。

2) 流程结束指令 RET

RET 是状态流程结束指令,表明 SFC 程序的结束,执行 RET 程序将返回到普通梯形图指令,母线也由状态母线返回到梯形图主母线,如图 10-8 所示。

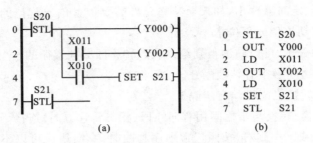

```
0    STL    S20
1    OUT    Y000
2    LD     X011
3    OUT    Y002
4    LD     X010
5    SET    S21
7    STL    S21
```

(a)   (b)

图 10-7   STL 指令的使用

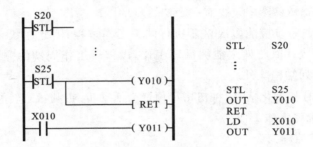

```
STL    S20
  ⋮
STL    S25
OUT    Y010
RET
LD     X010
OUT    Y011
```

图 10-8   RET 指令的使用

3)应用实例

[例 10-2]   根据图 10-9 所示的状态转移图,画出对应的梯形图并写出对应的指令语句表。

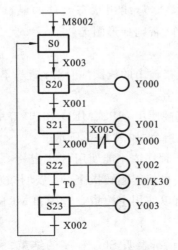

图 10-9   状态转移图

解 状态转移图中每一个方框代表一个状态,并标出了相应的状态控制元件(SXXX)。画梯形图或写指令语句表时应从 M8002 开始,进入状态应使用 SET 指令,然后去用相应的状态接点,将状态转移图中相应的状态方框后的驱动元件画到状态接点后面,进入下一状态的转移条件及转移方向也画在状态接点后面,直到最后一次步进接点的驱动元件和转移方向画完后再加入一条状态返回 RET 指令,最后以 END 指令结束。完整的梯形图和指令语句表如图 10-10 所示。

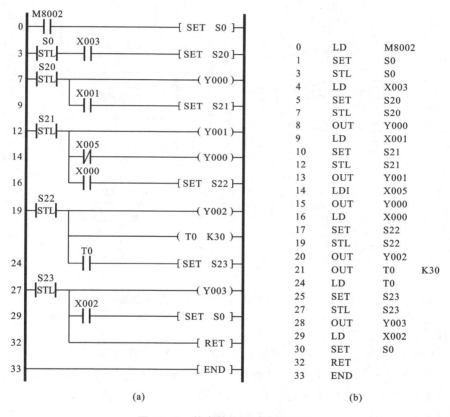

(a)   (b)

图 10-10 状态转移图对应的程序

4. 单流程顺序控制

1)单一序列结构

图 10-11(a)所示为单一序列结构状态转移图。单一序列结构形式是一种最简单的结构形式,它由一系列按顺序排列、相继激活的步组成,每步后面只有一个转换条件,每个转换条件后面也只有一步。单一序列是许多复杂序列的基本环节。

单一序列结构状态转移图转换为步进梯形图比较简单,只需按照转换规则逐步转换即可,需要注意的是,当某一步有多个输出时,应将所有的输出都写完后再写该步与后续步的转换。将图 10-11(a)所示的单一序列结构状态转移图转换为步进梯形图和步进指令表,分别如图 10-11(b)、图 10-11(c)所示。

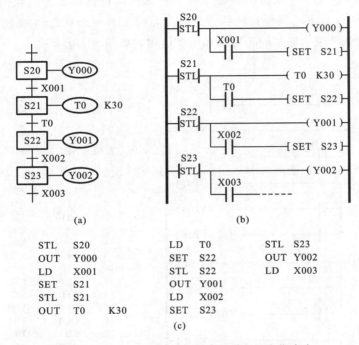

STL	S20		LD	T0		STL	S23
OUT	Y000		SET	S22		OUT	Y002
LD	X001		STL	S22		LD	X003
SET	S21		OUT	Y001			
STL	S21		LD	X002			
OUT	T0	K30	SET	S23			

(c)

图 10-11 单一序列结构及其步进梯形图和指令表

控制过程分析如下。

S20 为活动步时,Y000 线圈得电,当转换条件 X001 为 ON 时激活下一步 S21,然后 T0 开始计时,当 3 s 计时时间到,T0 的常开触点闭合,执行 SET S22 指令,激活 S22 步,以此类推。在该序列结构中,只要单一地满足转换条件就激活下一步,没有其他的情况产生,控制过程简单,编程容易。

2)重复序列结构

图 10-12(a)所示为重复序列结构状态转移图,即当某一步为活动步时,若满足一定条件则返回到之前的步,重复执行已经执行过的工作过程,这种结构称为重复序列结构。其步进梯形图和步进指令表分别如图 10-12(b)、图 10-12(c)所示。

控制过程分析如下。

在图 10-12(a)所示的状态转移图中,当 S22 步为活动步时,若转换条件 X004 为

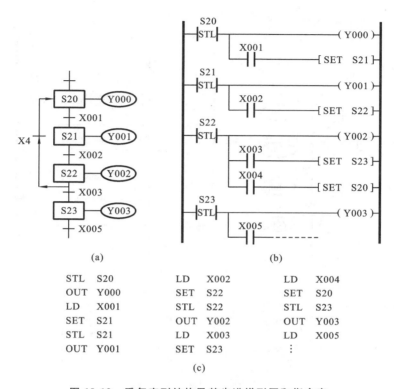

<table>
<tr><td>STL</td><td>S20</td><td>LD</td><td>X002</td><td>LD</td><td>X004</td></tr>
<tr><td>OUT</td><td>Y000</td><td>SET</td><td>S22</td><td>SET</td><td>S20</td></tr>
<tr><td>LD</td><td>X001</td><td>STL</td><td>S22</td><td>STL</td><td>S23</td></tr>
<tr><td>SET</td><td>S21</td><td>OUT</td><td>Y002</td><td>OUT</td><td>Y003</td></tr>
<tr><td>STL</td><td>S21</td><td>LD</td><td>X003</td><td>LD</td><td>X005</td></tr>
<tr><td>OUT</td><td>Y001</td><td>SET</td><td>S23</td><td colspan="2">⋮</td></tr>
</table>

(c)

图 10-12　重复序列结构及其步进梯形图和指令表

ON,则会再次激活 S20,重复执行 S20～S22 之间的工作过程。如果转换条件 X004 一直为 ON,则一直重复此段程序;只有当 X003 为 ON 时激活 S23,才结束重复。

3) 跳步序列结构

图 10-13(a)所示为跳步序列结构状态转移图。当某一步为活动步时,若满足一定条件则跳过中间的步不执行,而直接执行后面的步,这种序列结构称为跳步序列。其步进梯形图和步进指令表分别如图 10-13(b)、图 10-13(c)所示。

控制过程分析如下。

在图 10-13(a)所示的状态转移图中,当 S20 步为活动步时,若转换条件 X001 为 ON,则激活 S21,顺次执行后续各步;若转换条件 X002 为 ON 则跳过 S21、S22 两步不执行,而是直接激活 S23 步,并从 S23 步开始顺次执行后续各步。被跳过的步,在本工作周期内不再执行。

4) 循环序列结构

图 10-14(a)所示为循环序列结构的状态转移图。循环序列实际上是重复序列

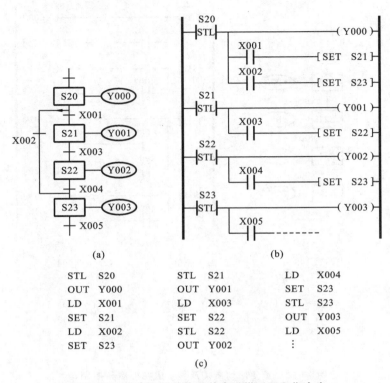

STL S20
OUT Y000
LD X001
SET S21
LD X002
SET S23

STL S21
OUT Y001
LD X003
SET S22
STL S22
OUT Y002

LD X004
SET S23
STL S23
OUT Y003
LD X005
⋮

(c)

图 10-13 跳步序列结构及其步进梯形图和指令表

的一种特殊情况,当重复序列中,如果被重复执行的部分是从程序的第一步至最后一步,则这个序列常被称为循环序列。循环序列是一种常用的序列结构,一般控制系统要求能多次重复执行同一工艺过程,这时就需要使用循环序列构成一闭环回路,使之能够循环工作。

将图 10-14(a)所示的循环序列结构状态转移图转换为步进梯形图和步进指令表,分别如图 10-14(b)、图 10-14(c)所示。

控制过程分析如下。

在 PLC 由 STOP 转为 RUN 时的一个扫描周期内,初始化脉冲继电器 M8002 的常开触点闭合,SET 指令将初始步 S0 激活,从而当转换条件满足时开始依次激活下一步。但是当程序执行到最后时,如果转换条件 X003 满足,则程序返回到初始步 S0 处开始重复执行上述工作过程。

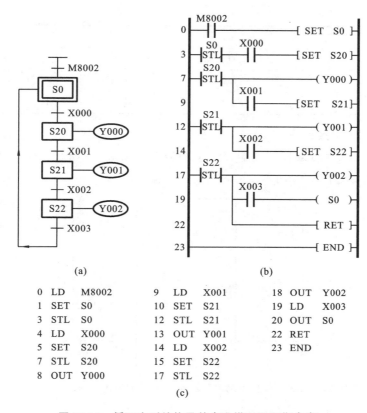

0	LD	M8002	9	LD	X001	18	OUT	Y002
1	SET	S0	10	SET	S21	19	LD	X003
3	STL	S0	12	STL	S21	20	OUT	S0
4	LD	X000	13	OUT	Y001	22	RET	
5	SET	S20	14	LD	X002	23	END	
7	STL	S20	15	SET	S22			
8	OUT	Y000	17	STL	S22			

(c)

图 10-14 循环序列结构及其步进梯形图和指令表

四、任务实施

1. 输入/输出分配表

多种液体自动混合装置的 PLC 控制系统输入/输出分配如表 10-2 所示。

表 10-2 多种液体自动混合装置的 PLC 控制电路输入/输出分配表

输 入			输 出		
输入设备	代号	输入点编号	输出设备	代号	输出点编号
启动按钮	SB1	X000	电磁阀 YV1	YV1	Y000
下限位	L3	X001	电磁阀 YV2	YV2	Y001

续表

输　　入			输　　出		
输入设备	代号	输入点编号	输出设备	代号	输出点编号
中限位	L2	X002	电磁阀 YV3	YV3	Y002
上限位	L1	X003	电动机 M	M	Y003

2. 输入/输出接线图

用三菱 FX$_{2N}$ 型可编程控制器实现多种液体自动混合装置的 PLC 控制系统输入/输出接线，如图 10-15 所示。

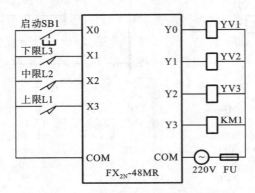

图 10-15　多种液体自动混合装置的 PLC 控制系统输入/输出接线图

3. 编写梯形图程序

（1）根据控制要求，可画出多种液体自动混合装置的 PLC 控制工作步序图，如图 10-16 所示。

（2）根据工作步序图，作出状态转移图，如图 10-17 所示。

（3）将图 10-17 所示状态转移图转换成步进梯形图和指令表，如图 10-18 所示。

4. 系统调试

（1）在断电状态下，连接好 PC/PPI 电缆。

（2）将 PLC 运行模式选择开关拨到 STOP 位置，此时 PLC 处于停止状态，可以进行程序编写。

（3）在作为编程器的计算机上，运行 GX Developer 编程软件。

（4）将图 10-18 所示的梯形图程序输入到计算机中。

（5）将程序文件下载到 PLC 中。

（6）将 PLC 运行模式的选择开关拨到 RUN 位置，使 PLC 进入运行方式。

（7）在教师的现场监护下进行通电调试，验证系统功能是否符合控制要求。

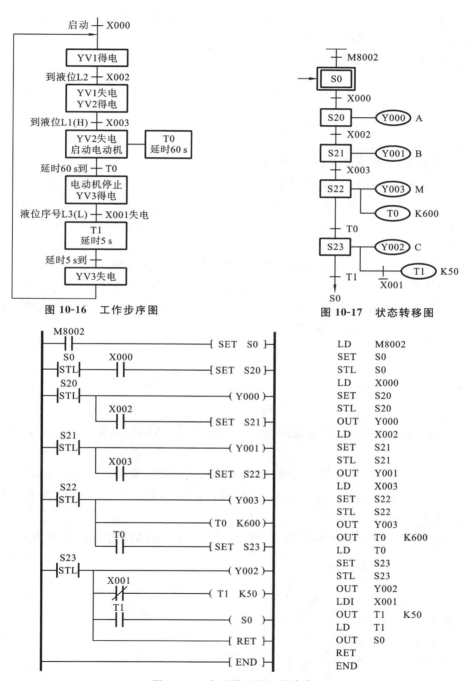

图 10-16　工作步序图

图 10-17　状态转移图

图 10-18　步进梯形图和指令表

（8）如果出现故障,应分别检查硬件接线和梯形图程序是否有误,修改完成后应重新调试,直至系统能够正常工作。

（9）记录程序调试的结果。

五、任务拓展

采用 PLC 构成液体混合装置控制系统。要求:

（1）上电初始状态 A、B 阀门均关闭,混合阀门 C 打开 10 s,将装置放空后关闭。

（2）按启动按钮 SB1 后,装置按下列规律运作:

① 液体阀门 A 打开,液体 A 流入容器,当液面上升到达 SQ2 时,阀门 A 关闭,阀门 B 打开。

② 当液面上升到达 SQ1 时,阀门 B 关闭,搅匀电动机工作。

③ 搅匀电动机工作 5 s 后停止搅动,混合液体阀门 C 打开,放出混合液体。

④ 当液面下降到 SQ3 时,SQ3 由接通变为断开,再过 10 s 后装置被放空,混合阀门 C 关闭,等待下一次启动信号。

六、巩固与提高

（1）图 10-19 所示是某控制系统的状态转移图,请绘出其步进梯形图,并写出指令。

（2）设计一个控制 3 台电动机 M1、M2、M3 顺序启动和停止的 SFC 程序。

① 当按下启动按钮 SB2 后,M1 启动;M1 运行 5 s 后,M2 也一起启动;M2 运行 3 s 后,M3 也一起启动。

② 按下停止按钮 SB1 后,M3 停止;M3 停止 3 s 后,M2 停止;M2 停止 5 s 后,M1 停止。

具体要求:

① 列出输入/输出端口地址分配表;

② 画出 PLC 的外部接线示意图;

③ 画出状态转移图;

④ 编写步进梯形图和指令程序。

（3）有一商店名叫"时尚坊",要求设计一个 PLC 控制系统,用 HL1、HL2、HL3

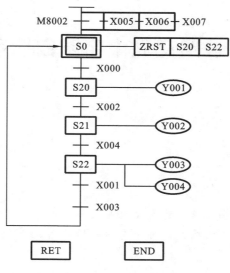

图 10-19　题 1 图

3 个灯分别点亮"时尚坊"3 个广告字装饰灯,并实现自动闪烁。其闪烁要求如下:在打开启动按钮(SB1)以后,首先是"时"亮 2 s,接着是"尚"亮 2 s,然后"坊"亮 2 s,在这之后使"时尚坊"3 个字同时闪烁,以 0.5 s 为周期亮灭两次,如此循环,试用状态转移图法完成以下设计内容。

　　① 列出输入/输出端口地址分配表;

　　② 画出 PLC 的外部接线示意图;

　　③ 画出状态转移图;

　　④ 编写步进梯形图和指令程序。

项目八　公路交通十字路口信号灯控制

一、学习目标

知识目标

（1）进一步掌握状态转移图的编程方法。

（2）掌握选择性分支结构和并行分支结构的状态编程；掌握多分支状态转移图与步进梯形图的转换。

能力目标

（1）能根据项目要求，熟练地画出公路交通十字路口信号灯 PLC 控制系统的状态转移图、步进梯形图，并能写出相应的指令程序。

（2）能够独立完成公路交通十字路口信号灯 PLC 控制线路的安装、调试。

（3）调试过程中出现故障时，应能根据设计要求独立检修，直至系统正常工作。

二、项目介绍

随着城市和经济的发展，交通信号灯发挥的作用越来越大，正因为有了交通信号灯，才使车流、人流有了规范，同时，减少了交通事故发生的概率。然而，交通信号灯的不合理使用或设置，也会影响交通的顺畅。图 11-1 所示为交通信号灯现场模拟示意图，其控制要求如下。

开关合上后，南北绿灯亮 20 s 后闪 3 s 灭；黄灯亮 2 s 灭；红灯亮 25 s；绿灯亮……循环，对应南北绿灯、黄灯亮时，东西红灯亮 25 s，接着绿灯亮 20 s 后闪 3 s 灭；黄灯亮 2 s 后，红灯又亮……循环，工作过程如图 11-2 所示，其时序图如图 11-3 所示。

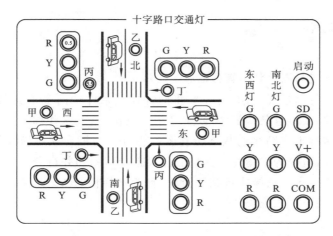

图 11-1　交通信号灯现场模拟示意图

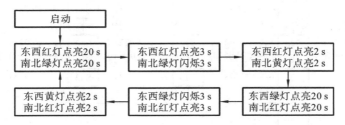

图 11-2　交通信号灯工作过程示意图

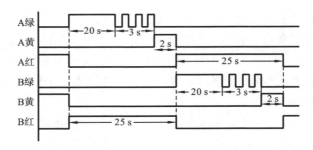

图 11-3　交通信号灯控制时序图

三、相关知识

1. 选择性分支与汇合状态转移图

在步进顺序控制过程中,有时需要将同一控制条件转向多条支路,或把不同条件转向同一支路,或跳过某些工序,或重复某些操作,以上这些称之为多分支状态转移图。像这种多种工作顺序的状态转移图称为分支与汇合状态转移图。根据转向分支流程的形式,可分为选择性分支与汇合状态转移图和并行分支与汇合状态转移图。从多个流程顺序中选择执行某个流程,称为选择性分支。如图 11-4 所示,该状态转移图有如下特点。

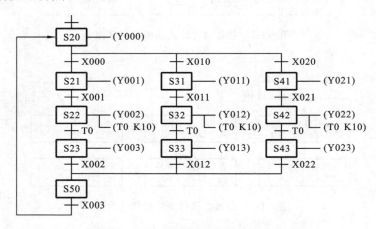

图 11-4　选择性分支与汇合状态转移图

(1) 该状态转移图有 3 个流程顺序,如图 11-5 所示。

(2) S20 为分支状态。根据不同的条件(X000、X010、X020),选择且只能选择执行其中的一个流程。X000 为 ON 时,执行图 11-5(a)所示的流程;X010 为 ON 时,执行图 11-5(b)所示的流程;X020 为 ON 时,执行图 11-5(c)所示的流程。X000、X010 与 X020 不能同时为 ON。

(3) S50 为汇合状态,可由 S23、S33、S43 任一状态驱动。

在进行选择性分支与汇合状态转移图与步进梯形图的转换时,首先进行分支状态元件的处理,再依顺序进行各分支的连接,最后进行汇合状态的处理。图 11-4 中所对应的选择性分支梯形图如图 11-6 所示。

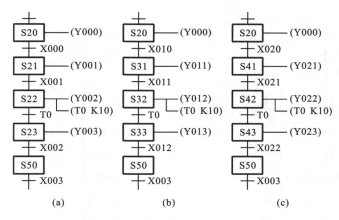

图 11-5　选择性分支与汇合状态转移图的 3 个流程顺序

(a)流程顺序 1；(b)流程顺序 2；(c)流程顺序 3

2. 并行分支与汇合状态转移图

某些工程要求当系统工作于某一个工作步时，满足同一个条件可以同时开始几个不同的后续工作，这时就需要使用并行分支与汇合状态转移图进行编程。

图 11-7 所示为一并行分支状态与汇合状态转移图，其中 S21～S23、S31～S33、S41～S43 分别为该并行序列的三个分支，如图 11-8 所示。与选择分支一样，由同一当前步产生不同后续步的地方称为分支的开始，在并行分支状态转移图中用长的双画线来表示，分支的开始条件标注在双画线的上面；由不同各分支的末步都得到同一后续步的地方称为分支的合并或汇合，在并行分支状态转移图中也用长的双画线表示，分支的合并条件标注在双画线的下面。

在进行并行分支与汇合状态转移图与步进梯形图的转换时，与选择性分支与汇合状态转移图一样，首先进行分支状态元件的处理，再依顺序进行各分支的连接，最后进行汇合状态的处理。图 11-7 中所对应的选择性分支梯形图如图 11-9 所示。

四、任务实施

1. 输入/输出分配表

公路交通十字路口信号灯 PLC 控制系统输入/输出分配如表 11-1 所示。

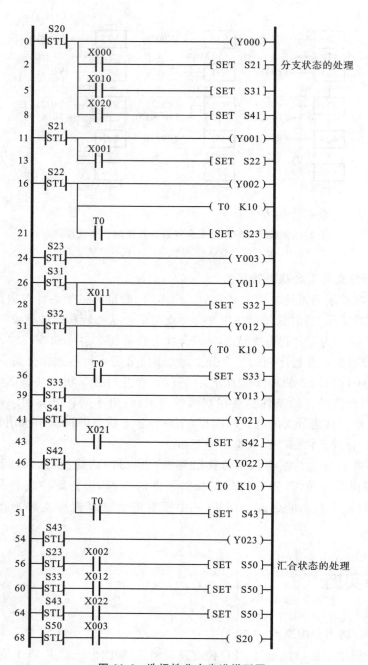

图 11-6　选择性分支步进梯形图

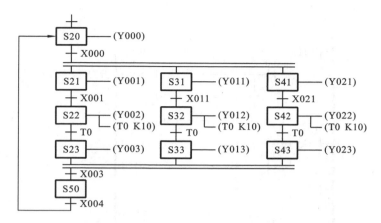

图 11-7　并行分支与汇合状态转移图

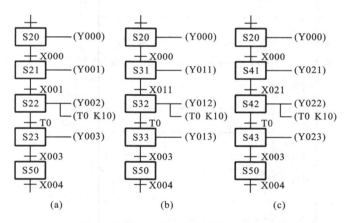

图 11-8　并行分支与汇合状态转移图的流程顺序

(a)流程顺序 1;(b)流程顺序 2;(c)流程顺序 3

表 11-1　公路交通十字路口信号灯 PLC 控制电路输入/输出分配表

输　入			输　出		
输入设备	代号	输入点编号	输出设备	代号	输出点编号
开关	S1	X000	东西红灯		Y000
			东西绿灯		Y001
			东西黄灯		Y002
			南北红灯		Y003
			南北绿灯		Y004
			南北黄灯		Y005

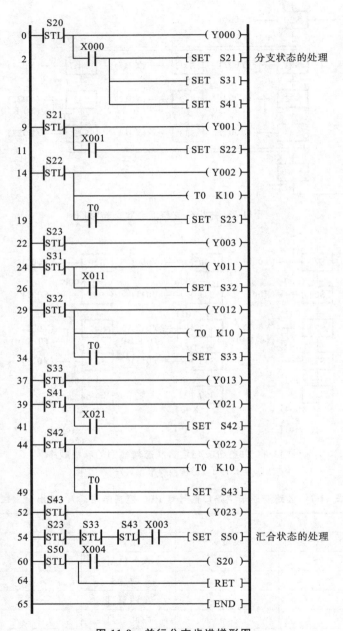

图 11-9 并行分支步进梯形图

2. 输入/输出接线图

用三菱 FX_{2N} 型可编程控制器实现公路交通十字路口信号灯 PLC 控制系统输入/输出接线,如图 11-10 所示。

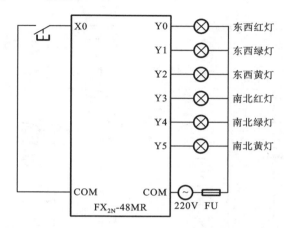

图 11-10　公路交通十字路口信号灯 PLC 控制系统输入/输出接线图

3. 编写梯形图程序

(1) 根据控制要求,可画出公路交通十字路口信号灯 PLC 控制系统的状态转移图,如图 11-11 所示。

(2) 将图 11-11 所示状态转移图转换成步进梯形图,如图 11-12 所示。

(3) 将图 11-12 所示的步进梯形图转换为指令程序,如图 11-13 所示。

4. 系统调试

(1) 在断电状态下,连接好 PC/PPI 电缆。

(2) 将 PLC 运行模式选择开关拨到 STOP 位置,此时 PLC 处于停止状态,可以进行程序编写。

(3) 在作为编程器的计算机上,运行 GX Developer 编程软件。

(4) 将图 11-12 所示的梯形图程序输入到计算机中。

(5) 将程序文件下载到 PLC 中。

(6) 将 PLC 运行模式的选择开关拨到 RUN 位置,使 PLC 进入运行方式。

(7) 在教师的现场监护下进行通电调试,验证系统功能是否符合控制要求。

(8) 如果出现故障,应分别检查硬件接线和梯形图程序是否有误,修改完成后应重新调试,直至系统能够正常工作。

(9) 记录程序调试的结果。

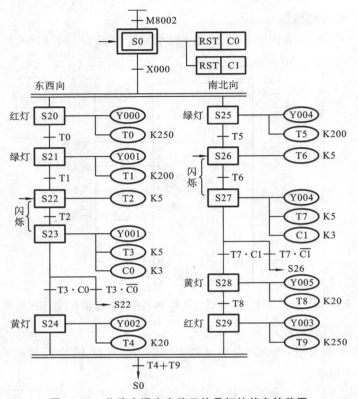

图 11-11　公路交通十字路口信号灯的状态转移图

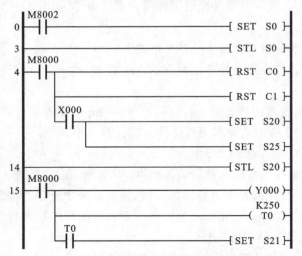

图 11-12　公路交通十字路口信号灯步进梯形图

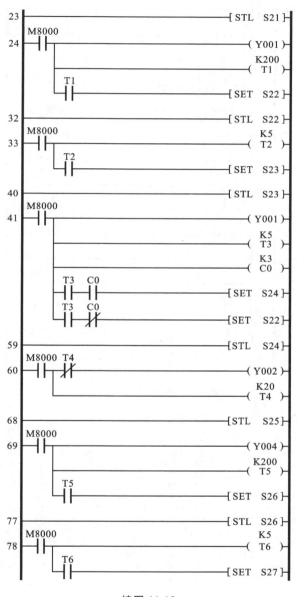

续图 11-12

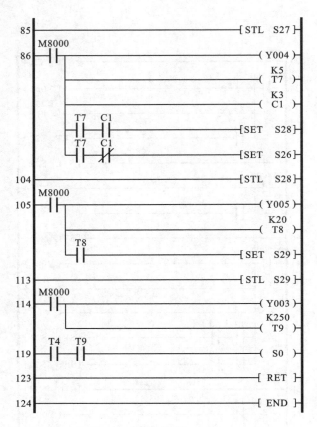

续图 11-12

0	LD	M8002		23	STL	S21		46	OUT	C0	K3
1	SET	S0		24	LD	M8000		49	MPS		
3	STL	S0		25	OUT	Y001		50	AND	T3	
4	LD	M8000		26	OUT	T1	K200	51	AND	C0	
5	RST	C0		29	AND	T1		52	SET	S24	
7	RST	C1		30	SET	S22		54	MPP		
9	AND	X000		32	STL	S22		55	AND	T3	
10	SET	S20		33	LD	M8000		56	ANI	C0	
12	SET	S25		34	OUT	T2	K5	57	SET	S22	
14	STL	S20		37	AND	T2		59	STL	S24	
15	LD	M8000		38	SET	S23		60	LD	M8000	
16	OUT	Y000		40	STL	S23		61	MPS		
17	OUT	T0	K250	41	LD	M8000		62	ANI	T4	
20	AND	T0		42	OUT	Y001		63	OUT	Y002	
21	SET	S21		43	OUT	T3	K5	64	MPP		

图 11-13　公路交通十字路口信号灯步进指令表

65	OUT	T4	K20	87	OUT	Y004		107	OUT	T8	K20
68	STL	S25		88	OUT	T7	K5	110	AND	T8	
69	LD	M8000		91	OUT	C1	K3	111	SET	S29	
70	OUT	Y004		94	MPS			113	STL	S29	
71	OUT	T5	K200	95	AND	T7		114	LD	M8000	
74	AND	T5		96	AND	C1		115	OUT	Y003	
75	SET	S26		97	SET	S28		116	OUT	T9	K250
77	STL	S26		99	MPP			119	LD	T4	
78	LD	M8000		100	AND	T7		120	AND	T9	
79	OUT	T6	K5	101	ANI	C1		121	OUT	S0	
82	AND	T6		102	SET	S26		123	RET		
83	SET	S27		104	STL	S28		124	END		
85	STL	S27		105	LD	M8000		125			
86	LD	M8000		106	OUT	Y005					

续图 11-13

五、任务拓展

设计一彩灯顺序控制系统。要求:A 灯亮 1 s,灭 1 s;B 灯亮 1 s,灭 1 s;C 灯亮 1 s,灭 1 s;D 灯亮 1 s,灭 1 s;A 灯、B 灯、C 灯、D 灯同时亮 1 s,灭 1 s;上述过程循环三次后停止。编制其 PLC 程序,安装接线并调试运行。

六、巩固与提高

(1) 请将图 11-14 所示状态转移图转换为步进梯形图。

(2) 设计一个用于行人通过公路人行横道的按钮式红绿灯交通管理的 PLC 控制系统,如图 11-15 所示,具体要求如下。

正常情况下,汽车通行,即车道绿灯(Y2)亮,人行横道红灯(Y3)亮。当行人想过马路时,则按下按钮 SB0(X0)或 SB1(X1),过 30 s 后,主干道交通信号灯由绿灯变黄灯,黄灯亮 10 s 后,红灯亮,过 5 s 后,人行横道绿灯亮,15 s 以后,人行横道绿灯开始闪烁,设定值为 5 次,闪 5 次后,人行横道红灯亮,过 5 s 后,主干道绿灯亮,恢复正常。

(3) 设计一小车自动控制电路程序,要求如下:上电小车停于 A 点,A 点指示灯有输出,3 s 后接通前进电动机,小车前进,A 点指示灯灭;当前进至 B 点开关 SQ2 时,小车停止,B 点指示灯亮,延时 10 s 后接通后退电动机,自动返回,当后退至 A 点开关 SQ1 时,小车停止,A 点指示灯亮。3 s 后又前进,如此往复。

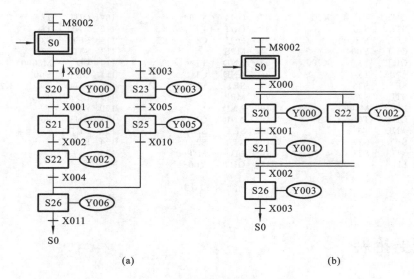

(a)   (b)

图 11-14　题 1 图

Y0：车道红灯   Y3：人行道红灯
Y1：车道黄灯   Y4：人行道绿灯
Y2：车道绿灯

SB1(X1)

SB0(X0)

图 11-15　题 2 图

项目九　霓虹灯广告屏显示控制系统

一、学习目标

知识目标

（1）明确功能指令的使用要素及应用，掌握移位等功能指令的表示方法。

（2）掌握移位等功能指令的含义，会使用移位指令。

能力目标

（1）熟悉功能指令的应用，学会分析指令执行的过程。

（2）掌握应用功能指令编程的思想和方法。

（3）能完成霓虹灯广告屏显示控制系统的设计、安装和调试。

二、项目介绍

随着社会主义市场经济的不断繁荣和发展，各大中小城市都在进行亮化工程，各企业为宣传自己企业的形象和产品，均采用广告手法之一——霓虹灯广告屏来实现这一目的。霓虹灯广告屏实物如图 12-1 所示。

图 12-1　霓虹灯广告屏实物

1. 项目描述

霓虹灯的闪烁不能由人工控制,如果那样不会呈现给人们美的视觉。而用电气控制的话,中间使用的继电器会有机械磨损,而霓虹灯的闪烁时间间隔是相当的短,几乎是零点几秒,这样看来使用电气控制是不太可能的。可编程控制器的出现就解决了这个问题,广告屏灯管的亮灭、闪烁时间及流动方向等均可通过 PLC 来达到控制要求。

2. 控制要求分析

用 PLC 驱动广告牌边框饰灯,该广告牌有 16 个边框饰灯 L1～L16,当广告牌开始工作时,饰灯每隔 0.1 s 从 L1 到 L16 依次正序轮流点亮,重复进行;循环两周后,又从 L16 到 L1 依次反序每隔 0.1 s 轮流点亮,重复进行;循环两周后,再按正序轮流点亮,重复上述过程。

当按停止按钮时,停止工作。

三、相关知识

1. 功能指令概述

功能指令实际上是为方便用户使用而设置的功能各异的子程序调用指令,一条基本指令只能完成一个特定的操作,而一条功能指令却能完成一系列的操作,相当于执行了一个子程序,所以功能指令的功能更加强大,使编程更加精练。

1) 功能指令的结构

功能指令的表示格式与基本指令不同。功能指令用编号 FNC00～FNC246 表示,并给出对应的助记符。例如,FNC45 的助记符是 MEAN(平均)。功能指令一般由指令名称和操作数两部分组成,图 12-2 所示。

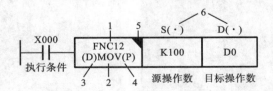

图 12-2　功能指令的格式及使用要素

1—功能指令编号;2—助记符;3—数据长度;4—执行形式;
5—操作数;6—变址功能;7—程序步数

(1)指令名称。指令名称用以表示指令实现的功能,通常用指令功能的英文缩写形式作助记符。例如,传送指令 MOV 实际是 MOVE 的缩写。每条指令都对应一个编号,用 FNC×× 表示,指令不同,编号也不同。

(2)操作数。操作数是指令执行时使用的或产生的数据,分为源操作数和目标操作数,大多数功能指令有 1～4 个操作数,也有的功能指令没有操作数。图 12-2 中,S(Source)表示源操作数,D(Destination)表示目标操作数。源操作数和目标操作数不止 1 个时,可用 S1、S2、D1、D2 表示。

2)功能指令操作数可用元件形式

功能指令的操作数可以是字软元件、位软元件和位软元件的组合等形式,如表 12-1 所示。

表 12-1　操作数(软元件)的含义

字 软 元 件	位 软 元 件
K:十进制整数	X:输入继电器
H:十六进制整数	Y:输出继电器
KnX:输入继电器(X)的位指定	M:辅助继电器
KnY:输出继电器(Y)的位指定	S:状态继电器
KnS:状态继电器(S)的位指定	
T:定时器(T)的当前值	
C:计数器(C)的当前值	
D:数据寄存器	
V、Z:变址寄存器	

位软元件:处理断开和闭合状态的元件。

字软元件:处理数据的元件。

由位软元件组合起来也可以构成字软元件,进行数据处理;每 4 个位软元件为一组,组合成一个单元,位软元件的组合由 Kn(n 在 1 至 7 之间)加首元件来表示。

如 KnY、KnX 等,K1Y0 表示由 Y0、Y1、Y2、Y3 组成的 4 位字软元件;K4M0 表示由 M0～M15 组成的十六位字软元件。

变址寄存器都是 16 位数据寄存器。如果 V=5,Z=10,则 D5V=D10(5+5=10),D5Z=D15(5+10=15)。32 位指令中 V、Z 是自动组对使用,V 作为高 16 位,Z 作为低 16 位,使用时只需编写 Z。

3）指令处理的数据长度

功能指令可以处理 16 位和 32 位数据。

如图 12-3 所示,指令第一行,当 X001 接通时,将 D1 中的 16 位数据与 D0 中的 16 位数据相加,结果放到 D10 中。指令第二行,当 X003 接通时,将 D12、D13 中的数据构成的 32 位数与 D10、D11 中的数据构成的 32 位数相加,结果放到 D16、D17 中。

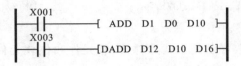

图 12-3　功能指令的用法

4）指令执行形式

功能指令有连续执行型和脉冲执行型两种形式,其中脉冲执行型在指令名称后面加 P 表示。图 12-4 所示的 MOV 功能指令为连续执行型。当常开触点 X000 闭合时,该条传送指令在每个扫描周期都被重复执行。图 12-4 所示的 MOVP 功能指令为脉冲执行型,该条传送指令仅在常开触点 X001 由断开转为闭合时被执行。对不需要每个扫描周期都执行的指令,用脉冲执行方式可缩短程序处理时间。

2. 传送与比较类指令

1）传送指令 MOV(FNC12)

功能编号	助记符	功　　能	操作软元件	
			[S.]	[D.]
12	MOV	将源操作元件的数据传送到指定的目标操作元件	K、H、KnX、KnY、KnM、KnS、T、C、D、V、Z	KnY、KnM、KnS、T、C、D、V、Z

程序举例如图 12-4 所示。

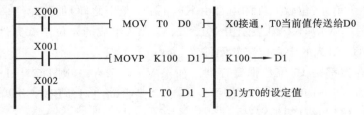

图 12-4　MOV 指令的用法

2）比较指令 CMP(FNC10)、区间比较指令 ZCP(FNC11)

功能编号	助记符	功能	操作软元件			
			[S1.] [S2.]	[S.]		[D.]
10	CMP	将源操作软元件 S1 与 S2 的内容比较	K、H、KnX、KnY、KnM、KnS、T、C、D、V、Z			X、Y、M、S、T、C、D、V、Z
11	ZCP	S 与 S1、S2 区间比较				

程序举例如图 12-5、图 12-6 所示。

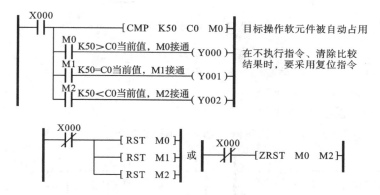

图 12-5 CMP 指令的用法

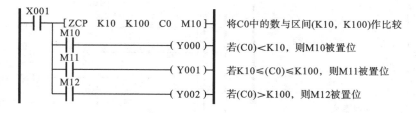

图 12-6 ZCP 指令的用法

应用实例 1

现有一把由两组数据锁定的密码锁。开锁时，只有输入两组正确的密码，锁才能打开。锁打开后，经过 5 s 再重新锁定。

本例中密码分别设定为 $(345)_{16}$ 和 $(ABC)_{16}$，梯形图如图 12-7 所示。

应用实例 2

应用计数器和比较指令构成 24 小时可设定定时时间的控制器，每 15 min 为一设定单位，共 96 个时间单位。

现控制实现如下：

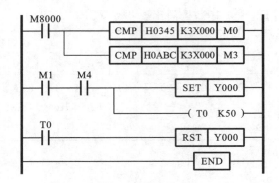

图 12-7　密码锁梯形图

(1) 6:30 电铃 Y0 每秒响一次,6 次后自动停止;

(2) 9:00—17:00,启动校园报警系统 Y1;

(3) 18:00 开校园内照明 Y2;

(4) 22:00 关校园内照明 Y2。

24 小时可设定定时时间控制器梯形图如图 12-8 所示。

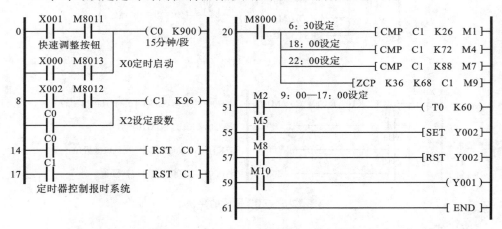

图 12-8　24 小时可设定定时时间控制器梯形图

3. 循环与移位类指令

1) 循环移位指令

右、左循环移位指令(D)ROR(P)和(D)ROL(P)编号分别为 FNC30 和 FNC31。执行这两条指令时,各位数据向右(或向左)循环移动 n 位,最后一次移出来的那一位同时存入进位标志 M8022 中,如图 12-9 和图 12-10 所示。

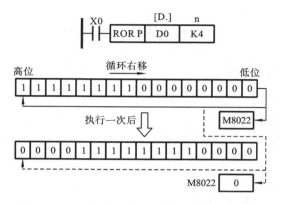

图 12-9　右循环移位指令的使用

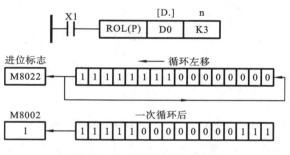

图 12-10　左循环移位指令的使用

2）带进位的循环移位指令

带进位的循环右移、左移位指令(D)RCR(P)和(D)RCL(P)编号分别为 FNC32 和 FNC33。执行这两条指令时,各位数据连同进位(M8022)向右(或向左)循环移动 n 位,如图 12-11 所示。

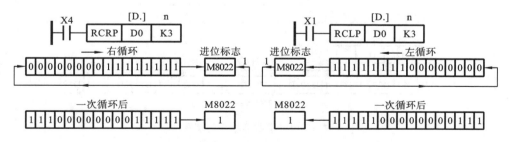

图 12-11　带进位右、左循环移位指令的使用

使用 ROR/ROL/RCR/RCL 指令时应注意以下三点。

(1)目标操作数可取 KnY、KnM、KnS、T、C、D、V 和 Z,目标元件中指定位元件的组合只有在 K4(16 位指令)和 K8(32 位指令)时有效。

(2) 16 位指令占 5 个程序步,32 位指令占 9 个程序步。

(3) 用连续指令执行时,循环移位操作每个周期执行一次。

3) 位右移和位左移指令

位右移、左移指令 SFTR(P)和 SFTL(P)的编号分别为 FNC34 和 FNC35。它们使位元件中的状态成组地向右(或向左)移动。n1 指定位元件的长度,n2 指定移位位数,n1 和 n2 的关系及范围因机型不同而有差异,一般为 n2≤n1≤1024。位右移指令的使用如图 12-12 所示。

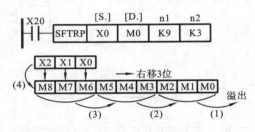

图 12-12 位右移指令的使用

4) 字右移和字左移指令

字右移、左移指令 WSFR(P)和 WSFL(P)的编号分别为 FNC36 和 FNC37。字右移和字左移指令是把[D]所指定的 n1 位字的字元件与[S]所指定的 n2 位字的字元件进行右移(或左移)的指令,n2≤n1≤512,其工作的过程与位移位指令相似。如图 12-13 所示,每当 X10 由 OFF→ON 时,[D.]内(D10~D25)16 字数据连同[S.]内(D0~D3)4 字数据向右移 4 位,即(D13~D10)→溢出,(D17~D14)→(D13~D10),(D21~D18)→(D17~D14),(D25~D22)→(D21~D18),(D3~D0)→(D25~D22)。

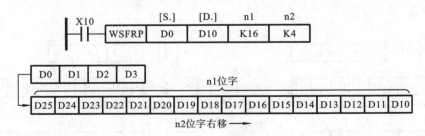

图 12-13 字右移指令的使用

5) 先入先出写入和读出指令

先入先出写入指令和先入先出读出指令 SFWR(P)和 SFRD(P)的编号分别为 FNC38 和 FNC39。

　　先入先出写入指令 SFWR 的使用如图 12-14 所示,当 X0 由 OFF 变为 ON 时,SFWR 执行,D0 中的数据写入 D2,而 D1 变成指针,其值为 1(D1 必须先清零);当 X0 再次由 OFF 变为 ON 时,D0 中的数据写入 D2,D1 变为 2,以此类推,D0 中的数据依次写入数据寄存器。D0 中的数据从右边的 D2 顺序存入,源数据写入的次数放在 D1 中,当 D1 中的数达到 n—1 后不再执行上述操作,同时进位标志 M8022 置 1。

　　先入先出读出指令 SFRD 的使用如图 12-15 所示,当 X0 由 OFF 变为 ON 时,D2 中的数据送到 D20,同时指针 D1 的值减 1,D2～D9 的数据向右移一个字,数据总是从 D2 读出,指针 D1 为 0 时,不再执行上述操作且 M8020 置 1。

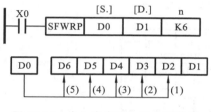

图 12-14　先入先出写入指令的使用

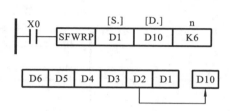

图 12-15　先入先出读出指令的使用

四、任务实施

1. 输入/输出分配表

霓虹灯广告屏显示控制系统输入/输出分配如表 12-2 所示。

表 12-2　霓虹灯广告屏显示控制系统输入/输出分配表

输 入 分 配		输 出 分 配	
元件	地址	元件	地址
启动信号	X0	灯 L1～L8	Y0 Y1 Y2 Y3 Y4 Y5 Y6 Y7
停止信号	X1	灯 L9～L16	Y10 Y11 Y12 Y13 Y14 Y15 Y16 Y17

2. 输入/输出接线图

用三菱 FX$_{2N}$ 型可编程控制器实现霓虹灯广告屏显示控制系统输入/输出接线,如图 12-16 所示。

3. 编写梯形图程序

根据控制要求,编写的参考梯形图程序如图 12-17 所示。

程序解释如下。

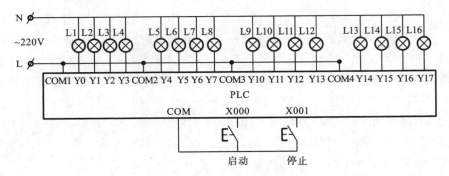

图 12-16 霓虹灯广告屏显示控制系统接线图

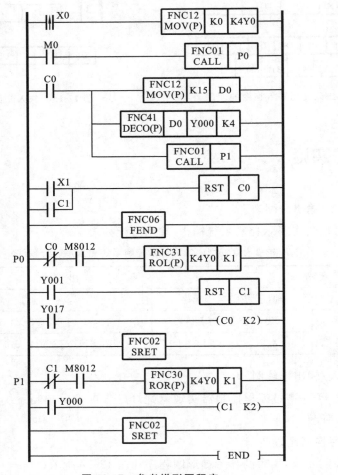

图 12-17 参考梯形图程序

当 X000 为 ON 时，先置正序初值(使 Y000 为 ON)，然后执行子程序调用程序，进入子程序 0，执行循环左移指令，输出继电器依次每隔 0.1 s 正序左移一位，左移一周结束，即 Y017 为 ON 时，C0 计数一次，重新左移；当 C0 计数两次后，停止左循环，返回主程序。

再置反序初值(Y017 为 ON)，然后进入子程序 1，执行循环右移指令，输出继电器依次每隔 0.1 s 反序右移一位，右移一周结束，即 Y000 为 ON 时，C1 计数一次，重新右移；当 C1 计数两次后，停止右循环，返回主程序。同时使 M0 重新为 ON，进入子程序 1，重复上述过程。

当 X001 为 ON 时，使输出继电器全为 OFF，计数器复位，饰灯全部熄灭。

将图 12-17 所示梯形图转化为指令表程序如下所示。

0	LD	X000	35	CALL	P1
1	OR	M0	38	LD	C1
2	OR	C1	39	0RP	X001
3	ANI	X001	41	RST	C0
4	ANI	C0	42	FEND	
5	MOV(P)		43	P0	
		K1	44	LDI	C0
		K4Y0	45	AND	M8012
10	OUT	M0	46	ROL(P)	
11	LDP	X001			K4Y0
13	OV(P)				K1
		K0	51	LD	Y001
		K4Y0	52	RST	C1
18	LD	M0	54	LD	Y017
19	CALL	P0	55	OUT	C0
22	LD	C0			K2
23	MOV(P)		58	SRET	
		K15	59	P1	
		D0	60	LDI	C1
28	DECO(P)		61	AND	M8012
		D0	62	ROR(P)	
		Y000			K4Y0
		K4			K1

67　LD　Y000	71　SRET
68　OUT　C1	72　END
K2	

4. 系统调试

（1）在断电状态下，连接好 PC/PPI 电缆。

（2）将 PLC 运行模式选择开关拨到 STOP 位置，此时 PLC 处于停止状态，可以进行程序编写。

（3）在作为编程器的计算机上，运行 GX Developer 编程软件。

（4）将图 12-17 所示的梯形图程序输入到计算机中。

（5）将程序文件下载到 PLC 中。

（6）将 PLC 运行模式的选择开关拨到 RUN 位置，使 PLC 进入运行方式。

（7）在教师的现场监护下进行通电调试，验证系统功能是否符合控制要求。

（8）如果出现故障，应分别检查硬件接线和梯形图程序是否有误，修改完成后应重新调试，直至系统能够正常工作。

（9）记录程序调试的结果。

五、知识拓展

程序流向控制类指令的编号为 FNC00～FNC09。

1. 条件跳转指令

条件跳转指令 CJ(P)的编号为 FNC00，操作数为指针标号 P0～P127，其中 P63 为 END 所在步序，不需标记。指针标号允许用变址寄存器修改。

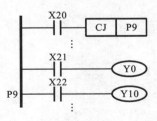

图 12-18　跳转指令的使用

如图 12-18 所示，当 X20 接通时，则由 CJ P9 指令跳转到标号为 P9 的指令处开始执行，跳过了程序的一部分，减少了扫描周期。如果 X20 断开，跳转不会执行，则程序按原顺序执行。

使用跳转指令时应注意以下五点。

（1）CJP 指令表示为脉冲执行方式。

（2）在一个程序中一个标号只能出现一次，否则将出错。

（3）在跳转执行期间，即使被跳过程序的驱动条件改变，但其线圈（或结果）仍保持跳转前的状态，因为跳转期间根本没有执行这段程序。

（4）如果在跳转开始时定时器和计数器已在工作，则在跳转执行期间它们将停止工作，到跳转条件不满足后又继续工作。但对于正在工作的定时器 T192～T199 和高速计数器 C225～C255，不管有无跳转指令，程序仍连续工作。

（5）若积算定时器和计数器的复位（RST）指令在跳转区外，即使它们的线圈被跳转，但对它们的复位仍然有效。

应用示例 1（见图 12-19）

在工业控制中经常采用手动和自动两种方式以确保生产控制的安全性和连续性。

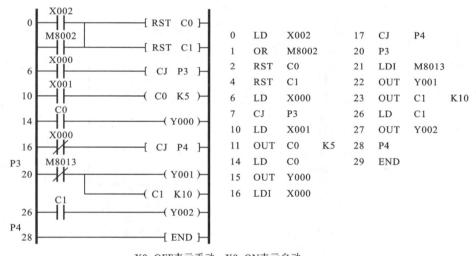

X0=OFF表示手动，X0=ON表示自动

图 12-19　跳转指令 CJ 的应用

2. 子程序调用与子程序返回指令

子程序调用指令 CALL 的编号为 FNC01，操作数为 P0～P127，此指令占用 2 个程序步。

子程序返回指令 SRET 的编号为 FNC02，无操作数，占用 1 个程序步。

如图 12-20 所示，如果 X0 接通，则转到标号 P10 处执行子程序。当执行 SRET 指令时，返回到 CALL 指令的下一步执行。

使用子程序调用与返回指令时应注意以下两点。

（1）转移标号不能重复，也不可与跳转指令的标号重复。

（2）子程序可以嵌套调用，最多可 5 级嵌套。

应用示例 2（见图 12-21）

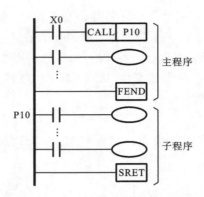

图 12-20　子程序调用与返回指令的使用

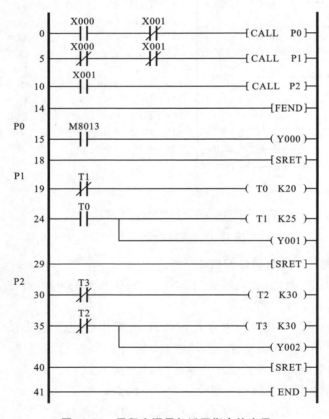

图 12-21　子程序调用与返回指令的应用

　　应用子程序调用指令可以优化程序结构,提高编写程序的效果。如图 12-21 所示的实例：当 X1 为 OFF、X0 为 ON 时，调用 P0 子程序；若 X0 为 OFF 时，调用 P1 子程序；当 X1 为 ON 时，不能调用 P0、P1 子程序，而是调用 P2 子程序。

3. 与中断有关的指令

与中断有关的三条功能指令是：中断返回指令 IRET，编号为 FNC03；中断允许指令 EI，编号为 FNC04；中断禁止指令 DI，编号为 FNC05。它们均无操作数，占用 1 个程序步。

PLC 通常处于禁止中断状态，由 EI 和 DI 指令组成允许中断范围。在执行到该区间，如有中断源产生中断，CPU 将暂停主程序执行转而执行中断服务程序。当遇到 IRET 时返回断点继续执行主程序。如图 12-22 所示，允许中断范围中中断源 X0 有一个下降沿，转入以 I000 为标号的中断服务程序，但 X0 可否引起中断还受 M8050 控制，当 X20 有效时，则 M8050 控制 X0 而无法中断。

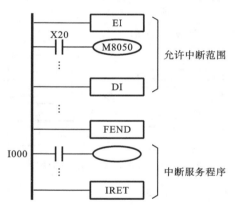

图 12-22　中断指令的使用

使用中断相关指令时应注意以下四点。

（1）中断的优先级为：如果多个中断依次发生，则以发生先后为序，即发生越早级别越高；如果多个中断源同时发出信号，则中断指针号越小优先级越高。

（2）当 M8050～M8058 为 ON 时，禁止执行相应 I0××～I8×× 的中断；当 M8059 为 ON 时，则禁止所有计数器中断。

（3）无须中断禁止时，可只用 EI 指令，不必用 DI 指令。

（4）执行一个中断服务程序时，如果在中断服务程序中有 EI 和 DI，可实现二级中断嵌套，否则禁止其他中断。

4. 主程序结束指令

主程序结束指令 FEND 的编号为 FNC06，无操作数，占用 1 个程序步。FEND 表示主程序结束，当执行到 FEND 时，PLC 进行输入/输出处理，监视定时器刷新，完成后返回起始步。

使用 FEND 指令时应注意以下两点。

(1) 子程序和中断服务程序应放在 FEND 之后。

(2) 子程序和中断服务程序必须写在 FEND 和 END 之间,否则出错。

5. 监视定时器指令

监视定时器指令 WDT(P)编号为 FNC07,没有操作数,占用 1 个程序步。WDT 指令的功能是对 PLC 的监视定时器进行刷新。

FX 系列 PLC 的监视定时器缺省值为 200 ms(可用 D8000 来设定),正常情况下 PLC 扫描周期小于此定时时间。如果由于有外界干扰或程序本身的原因使扫描周期大于监视定时器的设定值,使 PLC 的 CPU 出错灯亮并停止工作,可通过在适当位置加 WDT 指令复位监视定时器,以使程序能继续执行到 END。

如图 12-23 所示,利用一个 WDT 指令将一个 240 ms 的程序一分为二,使它们都小于 200 ms,则不再会出现报警停机。

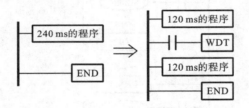

图 12-23　监控定时器指令的使用

使用 WDT 指令时应注意以下两点。

(1) 如果在后续的 FOR…NEXT 循环中,执行时间可能超过监控定时器的定时时间,可将 WDT 插入循环程序中。

(2) 当与条件跳转指令 CJ 对应的指针标号在 CJ 指令之前时(即程序往回跳)就有可能连续反复跳步使它们之间的程序反复执行,使执行时间超过监控时间,可在 CJ 指令与对应标号之间插入 WDT 指令。

6. 循环指令

循环指令共有两条:循环区起点指令 FOR,编号为 FNC08,占用 2 个程序步;循环结束指令 NEXT,编号为 FNC09,占用 1 个程序步,无操作数。

在程序运行时,位于 FOR…NEXT 间的程序反复执行 n 次(由操作数决定)后再继续执行后续程序。循环的次数 $n = 1 \sim 22767$。如果 $n = -22767 \sim 0$,则当做 $n = 1$ 处理。

图 12-24 所示为一个二重嵌套循环,外层执行 5 次。如果 D0Z 中的数为 6,则外

层 A 每执行一次,内层 B 将执行 6 次。

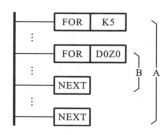

图 12-24　循环指令的使用

使用循环指令时应注意以下四点。

(1) FOR 和 NEXT 必须成对使用。

(2) FX$_{2N}$系列 PLC 可循环嵌套 5 层。

(3) 在循环中可利用 CJ 指令在循环没结束时跳出循环体。

(4) FOR 应放在 NEXT 之前,NEXT 应在 FEND 和 END 之前,否则均会出错。

六、任务拓展

设计一个图 12-25 所示数码管显示控制。

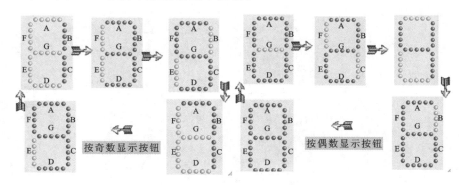

图 12-25　数码管显示说明

控制要求:数码管既可以按奇数循环显示(显示时间为 t1),也可按偶数循环显示(显示时间为 t2)的控制系统(t1 和 t2 现场指定)。其 I/O 分配为 X0,急停按钮;X1,奇数显示按钮;X2,偶数显示按钮;Y1~Y7,数码管的 a~g。若按下奇数显示按钮 X1,数码管依次循环显示数字 1、3、5、7、9、1、3……若按下偶数显示按钮 X2,数码管依次循环显示数字 0、2、4、6、8、0、2……任何时候按下急停按钮,数码管均停止显示。

编制其 PLC 程序,安装接线并调试运行。

七、巩固与提高

(1) 什么是功能指令? 有何作用?

(2) 什么叫位软元件? 什么叫字软元件? 有什么区别?

(3) 说明变址寄存器 V 和 Z 的作用。当 V=10 时,说明以下组合的含义。

K20V　　D5V　　Y4V　　K4X5V　　K4Y0V

(4) 实现广告牌中字的闪烁控制。用 L1~L12 十二盏灯分别照亮"湖南水利水电职业技术学院",L1 亮时,照亮"湖"、L2 亮时,照亮"南",依次照亮,直至 L12 亮时,照亮"院"。然后全部点亮,再全部熄灭,闪烁 4 次,循环往复。试用移位指令实现此功能。

(5) 某灯光招牌有 L1~L8 八个霓虹灯,要求按下启动按钮时,霓虹灯先以正序每隔 1 s 轮流点亮,当 L8 亮后,停 5 s;然后以反序每隔 1 s 轮流点亮,当 L1 亮后,停 5 s,重复上述过程。按停止按钮,停止工作,设计控制程序实现此功能。

项目十 自动售货机控制系统

一、学习目标

知识目标

(1) 掌握功能指令中算术及逻辑运算指令、触点比较指令的作用及用法。

(2) 能运用功能指令编写相关的应用程序。

能力目标

(1) 通过实践操作使学生明确功能指令的使用要素及应用,掌握应用功能指令编程的思想和方法。

(2) 能完成自动售货机控制系统的设计、接线、调试和操作。

二、项目介绍

自动售货机是一种全新的商业零售形式,20 世纪 70 年代自日本和欧美发展起来。它又被称为 24 小时营业的微型超市,如图 13-1 所示。在售货机的显示屏幕上进行操作,输入商品号码和购买数量,并投入钱币后,商品就会自动从取货口出来。其工作流程如图 13-2 所示。

1. 项目描述

M1、M2、M3 三个复位按钮表示投入自动售货机的人民币面值,Y0 表示货币指示(例如,按下 M1 则 Y0 显示 1),自动售货机里有汽水(3 元/瓶)和咖啡(5 元/瓶)两种饮料,当 Y0 所显示的值大于或等于这两种饮料的价格时,C 或 D 发光二极管会点亮,表明可以购买饮料;按下汽水按钮或咖啡按钮表明购买饮料,此时 A 或 B 发光二极管会点亮,E 或 F 发光二极管会点亮,表明饮料已从售货机取出;按下 ZL 按钮表示找零,此时 Y0 清零,延时 0.6 s 找零出口 G 发光二极管点亮。

2. 自动售货机控制要求分析

总体控制要求:如图 13-3 所示,按 M1、M2、M3 按钮,模拟投入货币,Y0 显示投

图 13-1　自动售货机实物照片

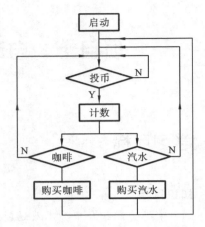

图 13-2　自动售货机工作流程图

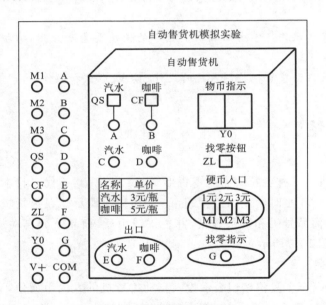

图 13-3　自动售货机面板图

入货币的数量,按动"QS"和"CF"按钮分别代表购买"汽水"和"咖啡"。出口处的"E"和"F"分别表示"汽水"和"咖啡"已经取出。购买后 Y0 显示剩余的货币,按下"ZL"找零按键。

按下"M1"、"M2"、"M3"三个开关,模拟投入 1 元、2 元、3 元的货币,投入的货币可以累加起来,通过 Y0 的数码管显示出当前投入的货币总数。

售货机内的两种饮料有相对应的价格,当投入的货币大于等于其售价时,对应的汽水指示灯 C、咖啡指示灯 D 点亮,表示可以购买。

当可以购买时,按下相应的"汽水按钮"或"咖啡按钮",同时与之对应的汽水指示灯 C 或咖啡指示灯 B 点亮,表示已经购买了汽水或咖啡。

在购买了汽水或咖啡后,Y0 显示当前的余额,按下"找零按钮"后,Y0 显示 00,表示已经清零。

三、相关知识

1. 算术运算指令

1) 加法指令 ADD

功能:加法指令是将指定的源操作软元件[S1.]、[S2.]中的二进制数相加,结果送到指定的目标操作软元件[D.]中。

格式如下。

```
     X000        [S1.] [S2.] [D.]          X001           [S1.] [S2.] [D.]
 ┤├─────────[ ADD  D0   D2   D4 ]┤    ┤├──────────────[ADDP  D0   K1   D0]┤

        加法指令连续执行                          脉冲型加法指令执行
```

指令说明如下。

(1) 操作软元件:[S]　K、H、KnX、KnY、KnM、KnS、T、C、D、V、Z;

[D]　KnY、KnM、KnS、T、C、D、V、Z。

(2) 当执行条件满足时,(S1)+(S2)的结果存入(D)中,运算为代数运算。

(3) 加法指令操作时影响三个常用标志,即 M8020 零标志、M8021 借位标志、M8022 进位标志。运算结果为零则 M8020 置 1,超过 32767 进位标志则 M8022 置 1,小于-32767 则借位标志 M8021 置 1。(以上都为 16 位时)

如图 13-4 所示,当 X0 为 ON 时,执行(D10)+(D12)→(D14)。

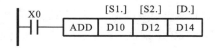

图 13-4　加法指令的使用

2) 减法指令 SUB

功能:减法指令是将指定的操作软元件[S1.]、[S2.]中的二进制数相减,结果送到指定的目标操作软元件[D.]中。

格式如下。

X000 [S1.] [S2.] [D.]
┤├─────[SUB D0 D2 D4]

连续型减法指令执行

X001 [S1.] [S2.] [D.]
┤├─────[SUBP D10 D12 D14]

脉冲型减法指令执行

指令说明如下。

(1) 操作软元件与加法指令中的一样。

(2) 当执行条件满足时,(S1)-(S2)的结果存入(D)中,运算为代数运算。

(3) 各种标志的动作与加法指令中的一样。

如图 13-5 所示,当 X0 为 ON 时,执行(D10)—(D12)→(D14)。

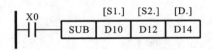

X0	[S1.]	[S2.]	[D.]
┤├	SUB	D10	D12	D14

图 13-5　减法指令的使用

3) 乘法指令 MUL

功能:乘法指令是将指定的源操作软元件[S1.]、[S2.]的二进制数相乘,结果送到指定的目标操作软元件[D.]中。

格式如下。

X000 [S1.] [S2.] [D.]
┤├─────[MUL D0 D2 D4]

乘法指令执行

X001 [S1.] [S2.] [D.]
┤├─────[DIV D10 D12 D14]

除法指令执行

指令说明如下。

(1) 操作软元件与减法指令中的一样。

(2) (S1)×(S2)存入(D)中,即(D0)×(D2)结果存入(D5)(D4)中。

(3) 最高位为符号位,0 正 1 负。

如图 13-6 所示,当 X0 为 ON 时,将二进制 16 位数(S1)、(S2)相乘,结果送(D)中。D 为 32 位,即(D0)×(D2)→(D5,D4)(16 位乘法);当 X1 为 ON 时,(D1,D0)×(D3,D2)→(D7,D6,D5,D4)(32 位乘法)。

4) 除法指令 DIV

功能:除法指令是将源操作软元件[S1.]、[S2.]中的二进制数相除,[S1.]为被除数,[S2.]为除数,商送到指定的目标操作软元件[D.]中。

指令说明如下。

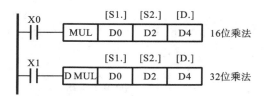

图 13-6　乘法指令的使用

（1）格式同乘法指令。

（2）操作软元件与加法指令中的一样。

如图 13-7 所示，当 X0 为 ON 时,(D0)÷(D2)→(D4)商,(D5)余数(16 位除法)；当 X1 为 ON 时,(D1,D0)÷(D3,D2)→(D5,D4)商,(D7,D6)余数(32 位除法)。

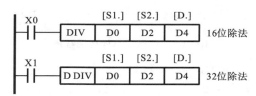

图 13-7　除法指令的使用

5）加 1 和减 1 指令

功能：目标操作软元件[D.]中的结果加 1/目标操作软元件[D.]中的结果减 1。

格式如下。

|X000|————[INCP　D0]———|　　　|X001|————[DECP　D10]———|

加1指令执行　　　　　　　减1指令执行

指令说明如下。

（1）若用连续指令时，每个扫描周期都执行,须注意。

（2）脉冲执行型只在脉冲信号时执行一次。

如图 13-8 所示，当 X0 为 ON 时,(D10)＋1→(D10)；当 X1 为 ON 时,(D11)－1→(D11)。若指令是连续指令，则每个扫描周期均作一次加 1 或减 1 运算。

6）应用实例

某控制程序中要进行以下算式的运算：

$$Y＝36a/30＋2$$

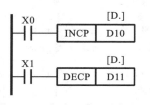

图 13-8　加 1 和减 1 指令的使用

式中,a 代表输入端口送入的二进制数。用 PLC 完成上式功能。

　　解　上式中的"a"用输入端口 K2X0 表示,代表送入的二进制数,运算结果输送到输出口 K2Y0,用 X20 作为启停开关。由此设计出的梯形图程序如图 13-9 所示。

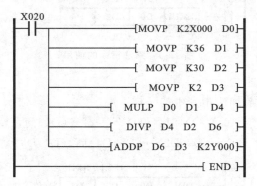

图 13-9　四则运算梯形图程序

2. 触点比较指令(FNC220~FNC246)

　　触点比较指令作用相当于一个触点,当满足一定条件时,触点接通。触点比较指令的说明如表 13-1 所示。

表 13-1　触点比较指令说明

指令名称	功　能	操作数 [S1.] [S2.]	指令名称	功　能	操作数 [S1.] [S2.]
FNC224 LD=	连接母线的触点比较相等指令	K、H、KnX、KnY、KnM、KnS、T、C、D、V、Z	FNC232 AND=	串联触点比较相等指令	K、H、KnX、KnY、KnM、KnS、T、C、D、V、Z
FNC225 LD>	连接母线的触点比较大于指令		FNC233 AND>	串联触点比较大于指令	
FNC226 LD<	连接母线的触点比较小于指令		FNC234 AND<	串联触点比较小于指令	
FNC228 LD<>	连接母线的触点比较不等于指令		FNC236 AND<>	串联触点比较不等于指令	
FNC229 LD<=	连接母线的触点比较不大于指令		FNC237 AND<=	串联触点比较不大于指令	
FNC230 LD>=	连接母线的触点比较不小于指令		FNC238 AND>=	串联触点比较不小于指令	

续表

指令名称	功　能	操　作　数		指令名称	功　能	操　作　数	
		[S1.]	[S2.]			[S1.]	[S2.]
FNC240 OR=	并联触点比较相等指令	K、H、KnX、KnY、KnM、KnS、T、C、D、V、Z		FNC244 OR<>	并联触点比较不等于指令	K、H、KnX、KnY、KnM、KnS、T、C、D、V、Z	
FNC241 OR>	并联触点比较大于指令			FNC245 OR<=	并联触点比较不大于指令		
FNC242 OR<	并联触点比较小于指令			FNC246 OR>=	并联触点比较不小于指令		

　　连接母线的触点比较指令,作用相当于一个与母线相连的触点,当满足相应的导通条件时,触点导通。串联/并联触点比较指令,作用相当于串联/并联一个触点,当被串联/并联的触点满足相应的导通条件时,触点导通。例如,使用各类触点比较大于指令时,则当[S1.]>[S2.]时,触点导通,否则不导通。使用各类触点比较小于指令时,则当[S1.]<[S2.]时,触点导通,否则不导通。使用32位指令时,在指令的文字符号后面加D,比较符号不变。例如,32位并联触点不大于指令助记符为"ANDD≤"。触点比较指令的用法如图13-10所示。

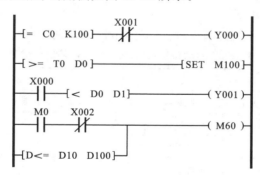

图 13-10　触点比较指令的用法

　　应用实例如下。

　　试用功能指令编写梯形图程序,使图13-11(a)所示的数码管依次显示字母A、B、C、D、E、F、G,并循环显示。要求两字之间的时间间隔为1 s。合上启动开关开始,关闭启动开关立即全灭。使常开启动开关接X000,数码管的A、B、C、D、E、F、G段分别接Y000、Y001、Y002、Y003、Y004、Y005、Y006。作出的梯形图程序如图13-11(b)所示。

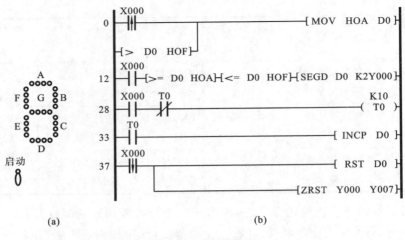

图 13-11　字母显示

四、任务实施

1. 输入/输出分配表

自动售货机控制系统的输入/输出分配如表 13-2 所示。

表 13-2　自动售货机控制系统输入/输出分配表

输 入 分 配			输 出 分 配		
PLC 地址	面板端子	功能说明	PLC 地址	面板端子	功能说明
X00	M1	1 元投币	Y00	A	汽水按钮指示
X01	M2	2 元投币	Y01	B	咖啡按钮指示
X02	M3	3 元投币	Y02	C	汽水
X03	QS	汽水按钮	Y03	D	咖啡
X04	CF	咖啡按钮	Y04	E	汽水出口
X05	ZL	找零按钮	Y05	F	咖啡出口
			Y06	G	找零出口
			Y07	Y0	货币指示

2. 输入/输出接线图

用三菱 FX₂N 型可编程控制器实现自动售货机控制系统的输入/输出接线图,如

图 13-12 所示。

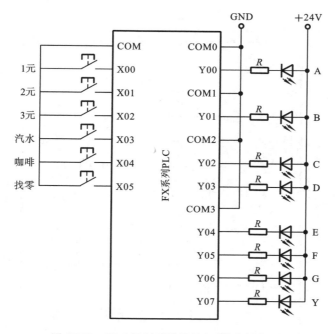

图 13-12 PLC 控制系统的输入/输出接线图

3. 编写梯形图程序

根据自动售货机控制系统的控制要求,编写的参考梯形图程序如图 13-13 所示。

4. 系统调试

(1) 在断电状态下,连接好 PC/PPI 电缆。

(2) 将 PLC 运行模式选择开关拨到 STOP 位置,此时 PLC 处于停止状态,可以进行程序编写。

(3) 在作为编程器的计算机上,运行 GX Developer 编程软件。

(4) 将图 13-13 所示的梯形图程序输入到计算机中。

(5) 将程序文件下载到 PLC 中。

(6) 将 PLC 运行模式的选择开关拨到 RUN 位置,使 PLC 进入运行方式。

(7) 在教师的现场监护下进行通电调试,验证系统功能是否符合控制要求。

(8) 按下"1 元"、"2 元"、"3 元"按钮后,Y0 的数码管显示出当前投入的货币总数。

(9) 当投入的货币大于等于商品售价时,对应的汽水指示灯 C、咖啡指示灯 D 点亮,表示可以购买。

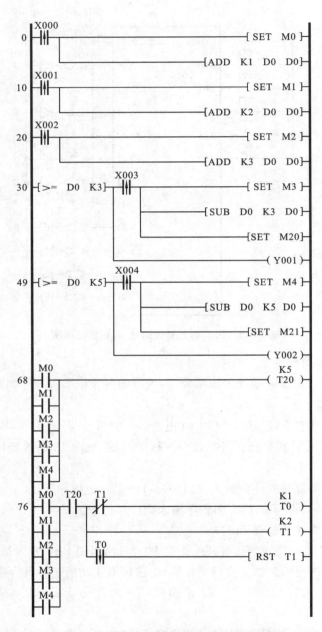

图 13-13　自动售货机控制系统参考梯形图程序

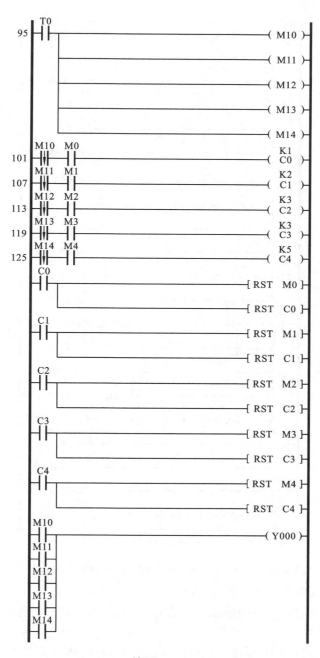

续图 13-13

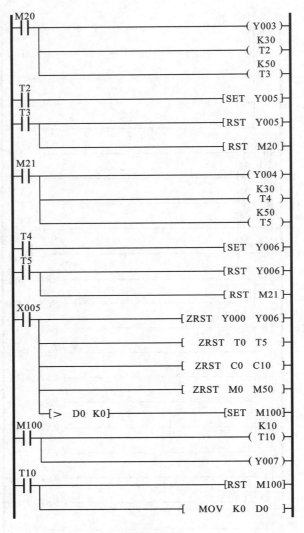

续图 13-13

（10）当可以购买时,按下相应的"汽水按钮"或"咖啡按钮",同时与之对应的汽水指示灯 C 或咖啡指示灯 B 点亮,表示已经购买了汽水或咖啡。

（11）在购买了汽水或咖啡后,Y0 显示当前的余额,按下"找零按钮"后,Y0 显示 00,表示已经清零。

（12）在调试过程中,如果出现故障,应分别检查硬件接线和梯形图程序是否有误,修改完成后应重新调试,直至系统能够正常工作。

（13）记录程序调试的结果。

五、知识拓展

1．逻辑运算类指令

1）逻辑与指令 WAND

（D） WAND（P）指令的编号为 FNC26，是将两个源操作数按位进行与操作，结果送指定元件。如图 13-14 所示，当 X0 有效时，(D10)∧(D12)→(D14)。

2）逻辑或指令 WOR

（D） WOR （P）指令的编号为 FNC27，是对两个源操作数按位进行或运算，结果送指定元件。如图 13-14 所示，当 X1 有效时，(D10)∨(D12)→(D14)。

3）逻辑异或指令 WXOR

（D） WXOR （P）指令的编号为 FNC28，是对源操作数位进行逻辑异或运算，结果送指定元件。

4）求补指令 NEG

（D） NEG （P）指令的编号为 FNC29，是将［D.］指定的元件内容的各位先取反再加 1，将其结果再存入原来的元件中。

WAND、WOR、WXOR 和 NEG 指令的使用如图 13-14 所示。

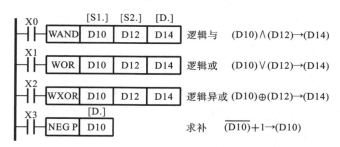

图 13-14　逻辑运算指令的使用

应用实例如下。

某机场装有 16 只指示灯，用于各种场合的指示，接于 K4Y000。一般情况下总是有的指示灯亮，有的指示灯熄灭。但机场有时候需将灯全部打开，有时也需将灯全部关闭。现需设计一种电路，用一只开关打开所有的灯，用另一只开关熄灭所有的灯。16 只指示灯在 K4Y000 的分布如图 13-15 所示。

图 13-15　指示灯在 K4Y000 的分布图

解　程序采用逻辑控制指令来完成这一功能。先为所有的指示灯设一个状态字,随时将各指示灯的状态送入,再设一个开灯字和一个熄灯字。开灯字内置 1 的位和灯在 K4Y000 中的排列顺序相同。熄灯字内置 0 的位和 K4Y000 中灯的位置相同。开灯时将开灯字和灯的状态字相"或",熄灭灯时将熄灭灯字和灯的状态字相"与",即可实现控制要求的功能。相关梯形图程序如图 13-16 所示。

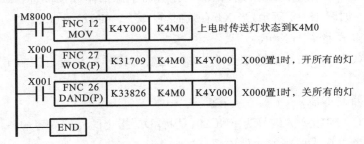

图 13-16　指示灯测试电路梯形图程序

六、任务拓展

设计一个全自动洗衣机运行控制系统,控制要求为:

(1) 按下启动按钮及水位选择开关,开始进水直到高(中、低)水位,并关水;

(2) 2 s 后开始洗涤;

(3) 洗涤时,正转 30 s,停 2 s,然后反转 30 s,停 2 s;

(4) 如此循环 5 次,总共 320 s 后开始排水,排空后脱水 30 s;

(5) 开始清洗,重复(1)~(4),清洗两遍;

(6) 清洗完成,报警 3 s 并自动停机;

(7) 若按下停车按钮,可手动排水(不脱水)和手动脱水(不计数)。

编制其 PLC 程序,安装接线并调试运行。

七、巩固与提高

（1）梯形图程序如图 13-17 所示，请将梯形图转换成指令表，并测试；改变 K 的数值，重新测试结果。

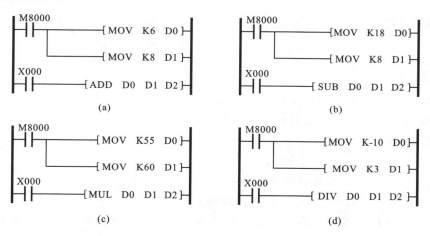

(a)　　　　　　　　　　(b)

(c)　　　　　　　　　　(d)

图 13-17　题 1 图

（2）使图 13-18 所示数码管依次显示数字 0、1、2、3、4、5、6、7、8、9，并循环显示。要求两数之间的时间间隔为 1 s。合上启动开关开始，关闭启动开关立即全灭。试用功能指令编写梯形图程序。

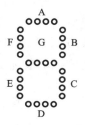

图 13-18　题 2 图

项目十一　装配流水线的 PLC 控制

一、学习目标

知识目标

（1）熟悉各类功能指令的应用。

（2）能运用功能指令编写相应的程序。

能力目标

（1）学会 I/O 口分配表的设置方法。

（2）掌握绘制 PLC 硬件接线图的方法并能正确接线。

（3）学会分析控制对象，确定 PLC 外围设备。

（4）能用 PLC 完成对实际工程的控制，并且掌握分析问题和解决问题的方法。

二、项目介绍

装配流水线广泛应用于肉类加工业、冷冻食品业、水产加工业、饮料及乳品加工业、制药、包装、电子、电器、汽配制造业等多种行业，如图 14-1 所示。装配线是人和机器的有效组合，最充分体现设备的灵活性，它将输送系统、随行夹具和在线装机、检测设备有机的组合，以满足多品种产品的装配要求。

1. 项目描述

总体控制要求如下。

如图 14-2 所示，系统中的操作工位 A、B、C，运料工位 D、E、F、G 及仓库操作工位 H 能对工件进行循环处理。

（1）闭合"启动"开关，工件经过传送工位 D 送至操作工位 A，在此工位完成加工后再由传送工位 E 送至操作工位 B……依次传送及加工，直至工件被送至仓库操作工位 H，由该工位完成对工件的入库操作，循环处理。

（2）断开"启动"开关，系统加工完最后一个工件入库后，自动停止工作。

图 14-1　装配流水线示意图

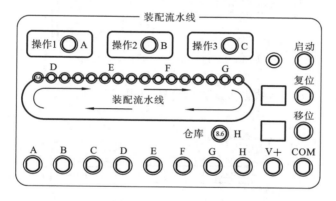

图 14-2　实训面板图

（3）按"复位"键，无论此时工件位于何种工位，系统均能复位至起始状态，即工件又重新开始从传送工位 D 处开始运送并加工。

（4）按"移位"键，无论此时工件位于何种工位，系统均能进入单步移位状态，即每按一次"移位"键，工件前进一个工位。

三、相关知识

1. 数据传送指令

1）传送指令（MOV FNC12）

传送指令在项目九中已作介绍，此处略。

2) 块传送指令(BMOV FNC15)

BMOV 指令用于将从源操作数指定的元件开始的 n 个数据组成的数据块传送到指定的目标。如果元件号超出允许元件号的范围,数据仅送到允许范围内。

如果源元件与目标元件的类型相同,传送顺序如图 14-3 所示(既可从高元件号开始,也可从低元件号开始)。传送顺序是自动决定的,以防止源数据被这条指令传送的其他数据冲掉。如果用到需要制定位数的位元件,则源和目标的指定位数必须相同。

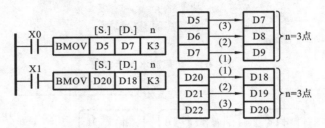

图 14-3　块传送指令 BMOV 的使用

当 M8024 为 ON 时,数据传送方向反转,如图 14-4 所示。

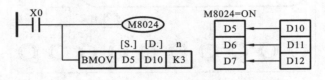

图 14-4　数据反向传送

3) 多点传送指令(FMOV FNC16)

FMOV 指令是将源操作数指定的软元件的内容向以目标操作数指定的软元件开头的 n 点软元件传送。n 点软元件的内容都一样,如图 14-5 所示,K0 传送到 D0~D9。

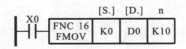

图 14-5　多点传送指令 FMOV 的使用

如果元件号超出允许的元件号范围,数据仅传送到允许的范围内。

4）转换指令（BCD FNC18）、二进制转换指令（BIN FNC19）

功能编号	助记符	功能	操作软元件	
			S	D
18	BCD	将源操作软元件的二进制数据转换成 BCD 码并传送到指定的目标操作元件中	KnX、KnY、KnM、KnS、T、C、D、V、Z	KnY、KnM、KnS、T、C、D、V、Z
19	BIN	将源操作软元件的 BCD 码转换成二进制数据并传送到指定的目标操作元件中	KnX、KnY、KnM、KnS、T、C、D、V、Z	KnY、KnM、KnS、T、C、D、V、Z

二进制数到 BCD 码转换指令使用如图 14-6 所示。

图 14-6　BCD 码转换指令的使用

指令使用说明如下。

（1）使用 BCD、BCD（P）指令时，如果 BCD 转换结果超出 0～9999 范围，则会出错。

（2）当使用（D）BCD、（D）BCDP 指令时，如果 BCD 转换结果超出 0～99999999 范围，则会出错。

（3）将可编程控制器内的二进制数据变为七段显示的 BCD 码而向外部输出时，使用该指令。

BCD 码到二进制数转换指令使用如图 14-7 所示。

图 14-7　BIN 转换指令的使用

指令使用说明如下。

（1）可编程控制器获取 BCD 数字开关的设定值时使用。

（2）源数据不是 BCD 码时，会发生 M8067（运算错误）、M8068（运算错误锁存）将不工作。

（3）因为常数 K 自动地转换成二进制数，所以不是这条指令适用的软元件。

四则运算（＋，－，×，÷）与增量指令、减量指令等编程控制器内的运算都用 BIN

码进行。因此可编程控制器获取 BCD 的数字开关信息时,要使用 FNC19(BCD→BIN)转换传送指令。另外,向 BCD 的七段显示器输出时,请使用 FNC18(BIN→BCD)转换传送指令,但是一些特殊指令能自动地进行 BCD/BIN 转换。

5)数据交换指令(XCH FNC17)

数据交换指令是将数据在指定的目标元件之间交换。

如图 14-8 所示,当 X0 为 ON 时,将 D1 和 D19 中的数据相互交换。

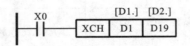

图 14-8   数据交换指令的使用

使用数据交换指令应该注意以下两点。

(1)操作数的元件可取 KnY、KnM、KnS、T、C、D、V 和 Z。

(2)交换指令一般采用脉冲执行方式,否则在每一次扫描周期都要交换一次。

四、任务实施

1. 输入/输出分配表

装配流水线的 PLC 控制系统输入/输出分配如表 14-1 所示。

表 14-1   装配流水线的 PLC 控制系统输入/输出分配表

序 号	PLC 地址(PLC 端子)	电气符号(面板端子)	功 能 说 明
1	X00	SD	启动(SD)
2	X01	RS	复位(RS)
3	X02	ME	移位(ME)
4	Y00	A	工位 A 动作
5	Y01	B	工位 B 动作
6	Y02	C	工位 C 动作
7	Y03	D	运料工位 D 动作
8	Y04	E	运料工位 E 动作
9	Y05	F	运料工位 F 动作
10	Y06	G	运料工位 G 动作
11	Y07	H	仓库操作工位 H 动作

2．输入/输出接线图

用三菱 FX$_{2N}$ 型可编程控制器实现装配流水线的 PLC 控制系统输入/输出接线，如图 14-9 所示。

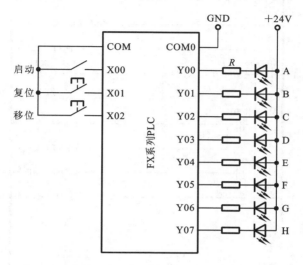

图 14-9　装配流水线的 PLC 控制输入/输出接线图

3．编写梯形图程序

（1）根据控制要求，可画出装配流水线的 PLC 控制系统的程序流程图，如图 14-10 所示。

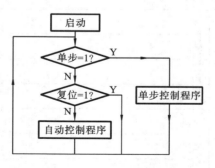

图 14-10　程序流程图

（2）根据程序流程图，编写的梯形图程序如图 14-11 所示。

4．系统调试

（1）在断电状态下，连接好 PC/PPI 电缆。

（2）将 PLC 运行模式选择开关拨到 STOP 位置，此时 PLC 处于停止状态，可以

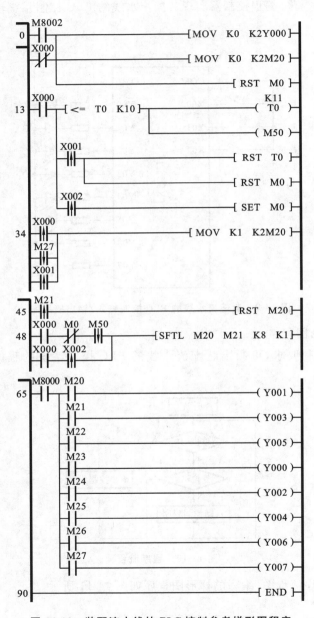

图 14-11　装配流水线的 PLC 控制参考梯形图程序

进行程序编写。

（3）在作为编程器的计算机上，运行 GX Developer 编程软件。

（4）将图 14-11 所示的梯形图程序输入到计算机中。

（5）将程序文件下载到 PLC 中。

（6）将 PLC 运行模式的选择开关拨到 RUN 位置，使 PLC 进入运行方式。

（7）在教师的现场监护下进行通电调试，验证系统功能是否符合控制要求。

（8）打开"启动"按钮后，系统进入自动运行状态，调试装配流水线控制程序并观察自动运行模式下的工作状态。

（9）按"复位"键，观察系统响应情况。

（10）按"移位"键，系统进入单步运行状态，连续按"移位"键，调试装配流水线控制程序并观察单步移位模式下的工作状态。

（11）如果出现故障，应分别检查硬件接线和梯形图程序是否有误，修改完成后应重新调试，直至系统能够正常工作。

（12）记录程序调试的结果。

五、知识拓展

1. 区间复位指令（ZRST（P）FNC40）

它是将指定范围内的同类元件成批复位。

如图 14-12 所示，当 X0 由 OFF→ON 时，位元件 M500～M599 成批复位，字元件 C225～C255 也成批复位。

图 14-12　区间复位指令的使用

使用区间复位指令时，应注意如下两点。

（1）[D1.]和[D2.]可取 Y、M、S、T、C、D，且应为同类元件，同时[D1.]的元件号应小于[D2.]指定的元件号，若[D1.]的元件号大于[D2.]的元件号，则只有[D1.]指定元件被复位。

（2）ZRST 指令为 16 位指令，占 5 个程序步，但[D1.][D2.]也可以指定 32 位计数器。

2. 译码指令(DECO FNC41)

译码指令相当于数字电路中译码电路的功能。如图 14-13 所示,$n=3$,则表示 [S.]源操作数为 3 位,即 X0、X1、X2,其状态为二进制数,当值为 011 时相当于十进制数 3,则由目标操作数 M7～M0 组成的 8 位二进制数的第三位 M2 被置 1,其余各位为 0。如果为 000 时则 M0 被置 1。用译码指令可通过[D.]中的数值来控制元件的 ON/OFF。

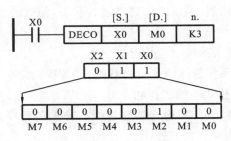

图 14-13   译码指令的使用

使用译码指令时,应注意如下两点。

(1) 位源操作数可取 X、T、M 和 S,位目标操作数可取 Y、M 和 S,字源操作数可取 K、H、T、C、D、V 和 Z,字目标操作数可取 T、C 和 D。

(2) 若[D.]指定的目标元件是字元件 T、C、D,则 $n \leqslant 4$;若是位元件 Y、M、S,则 $n=1 \sim 8$。译码指令为 16 位指令,占 7 个程序步。

3. 编码指令(ENCO FNC42)

编码指令相当于数字电路中编码电路的功能。如图 14-14 所示,当 X1 有效时执行编码指令,将[S.]中最高位的 1(M2)所在位数(3)放入目标元件 D10 中,即把 011 放入 D10 的低 3 位。

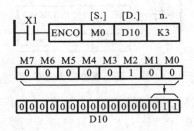

图 14-14   编码指令的使用

使用编码指令时,应注意如下三点。

(1) 源操作数是字元件时,可以是 T、C、D、V 和 Z;源操作数是位元件,可以是

X、Y、M 和 S。目标元件可取 T、C、D、V 和 Z。编码指令为 16 位指令，占 7 个程序步。

（2）操作数为字元件时，$n \leqslant 4$；为位元件时，则 $n = 1 \sim 8$；$n = 0$ 时不作处理。

（3）若指定源操作数中有多个 1，则只有最高位的 1 有效。

4. ON 总数指令(SUM FNC43)

ON 总数指令用于求和。SUM 指令执行时，将[S.]中 1 的位数总和存入[D.]中，无 1 时，零标志位 M8020 置 1。当使用 32 位指令时，将[S.]开始的连续 32 位中 1 的位数总和存入[D.]开始的连续 32 位中。指令应用如图 14-15 所示。

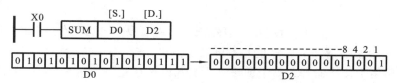

图 14-15　ON 总数指令的使用

5. ON 位判别指令(BON FNC44)

ON 位判别指令的应用如图 14-16 所示。

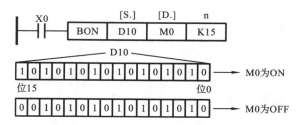

图 14-16　ON 位判别指令的使用

若 D10 中的第 15 位为 ON，则 M0 变为 ON。即使 X0 变为 OFF，M0 也保持不变。

6. 求平均值指令(MEAN FNC45)

求平均值指令 MEAN 用于求平均值，其应用如图 14-17 所示。

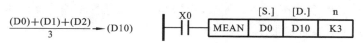

图 14-17　求平均值指令 MEAN 的使用

执行 MEAN 指令时，将[D0.]开始的连续 3 个元件中的数据求平均值，结果存放到[D10]中。

六、任务拓展

设计一个饮料罐装生产流水线控制系统,控制要求如下:

(1)系统通过开关设定为自动操作模式,一旦启动,则传送带的驱动电机启动并一直保持到停止开关动作或罐装设备下的传感器检测到一个瓶子时停止;瓶子装满饮料后,传送带驱动电动机必须自动启动,并保持到又检测到一个瓶子或停止开关动作。

(2)当瓶子定位在罐装设备下时,停顿 1 s,罐装设备开始工作,罐装过程为 5 s,罐装过程有报警显示,5 s 后停止并不再显示报警。

(3)用两个传感器和若干个加法器检测并记录空瓶数和满瓶数,一旦系统启动,必须记录空瓶数和满瓶数,设最多不超过 32 767 瓶。

(4)可以手动对计数值清零(复位)。

编制其 PLC 程序,安装接线并调试运行。

七、巩固与提高

(1)梯形图程序如图 14-18 所示,请分析程序功能;变更常数,分析结果如何变化。

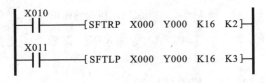

图 14-18　题 1 图

(2)梯形图程序如图 14-19 所示,请分析程序功能;将指令 SFTRP 指令改为 SFTLP,分析结果如何变化。

(3)梯形图程序如图 14-20 所示,请分析程序功能。

(4)梯形图程序如图 14-21 所示,请分析程序功能;如将 K4 改成 K3,再分析程序。

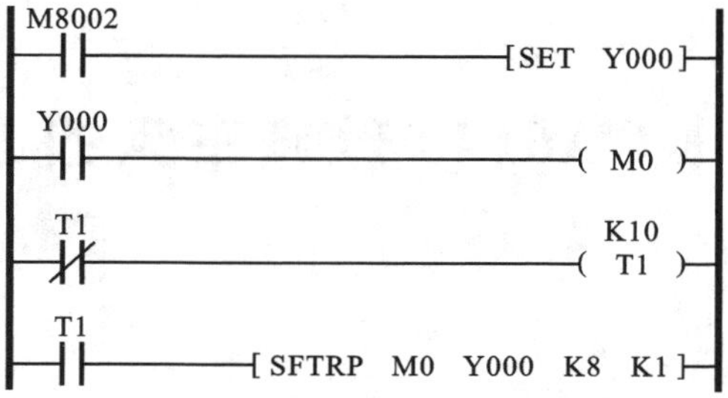

```
 M8002
 ─┤├─────────────────────────────[SET  Y000]─

 Y000
 ─┤├─────────────────────────────────( M0 )─

 T1                                   K10
 ─┤/├─────────────────────────────────( T1 )─

 T1
 ─┤├──────────────────[SFTRP  M0  Y000  K8  K1]─
```

图 14-19   题 2 图

```
 X010
 ─┤├──────────────────[ DECO  X000  Y000  K4 ]─
```

图 14-20   题 3 图

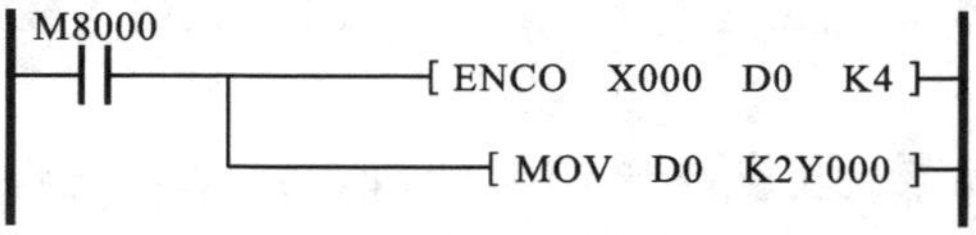

```
 M8000
 ─┤├──────────┬───────[ ENCO  X000  D0   K4 ]─
              │
              └───────[ MOV   D0   K2Y000 ]─
```

图 14-21   题 4 图

项目十二　CA6140 普通车床的 PLC 改造

一、学习目标

知识目标

（1）了解 PLC 控制系统设计的基本内容和一般步骤。

（2）了解 PLC 控制系统设计中提高系统可靠性经常采用的措施。

（3）掌握将接触器-继电器控制系统改造为 PLC 控制系统的方法。

能力目标

（1）能够根据控制系统要求分析 PLC 控制系统，正确选择 PLC 的型号。

（2）能够设计一般的 PLC 控制系统。

（3）了解传统的电气控制与 PLC 控制的相同点与不同点。

（4）学会综合运用 PLC 指令解决工程实际问题的方法，掌握用 PLC 改造较复杂的继电接触式控制电路，并进行设计、安装与调试。

二、项目介绍

在我国现有的机床中，其中一部分仍采用传统的接触器-继电器控制方式，如 CA6140 车床、X62W 铣床、T68 镗床等。这些机床采用继电器控制，触点多、线路复杂，使用多年后，故障多、维修量大、维护不便、可靠性差，影响了正常的生产。还有一些机床是早期从国外进口的数控机床，有的已到了使用期限，即将或已经出现一定程度的故障。出现故障后，由于原生产厂家已不再提供旧产品的电路板或其他配件，配件供给的缺少使得机床得不到及时修复，处于停产闲置状态，严重影响了生产。另外，还有部分旧机床虽然还能正常工作，但其精度、效率、自动化程度已不能满足当前生产工艺的需求。对这些机床进行改造势在必行，改造既是企业资源的再利用，走持续化发展的需要，也是满足企业新生产工艺，提高经济效益的需要。利用 PLC 对旧机床控制系统进行改造是一种有效的手段，图 15-1 所示是普通 CA6140 型车床示意图。

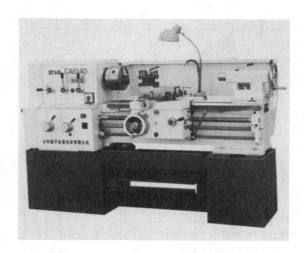

图 15-1　CA6140 型车床

1. 项目描述

CA6140 型车床是一种应用广泛的金属切削机床,能够车削外圆、内圆、螺纹、螺杆、端面以及定型表面等,其原控制电路为接触器-继电器控制系统,触点多、故障多、操作人员维修任务较大。而 PLC 是专为工业环境下应用而设计的控制装置,其显著的特点之一就是可靠性高,抗干扰能力强。针对这种情况,用 PLC 控制改造其接触器-继电器控制电路,能克服以上缺点,降低设备的故障率,提高设备使用效率,运行效果良好。

2. 控制要求分析

在仔细阅读与分析 CA6140 型普通车床电气原理图的基础上,可以确定各电动机及指示灯的控制要求如下(电气原理图见图 15-2)。

1) 主轴电动机控制

主电路中的 M1 为主轴电动机,按下启动按钮 SB2,KM1 得电吸合,辅助触点 KM1 闭合自锁,KM1 主触头闭合,主轴电动机 M1 启动,同时辅助触点 KM1 闭合,为冷却泵启动做好准备。

2) 冷却泵电动机控制

主电路中的 M2 为冷却泵电动机。在主轴电动机启动后,KM1 闭合,将开关 SA2 闭合,KM2 吸合,冷却泵电动机启动,将 SA2 断开,冷却泵停止,将主轴电动机停止,冷却泵也自动停止。

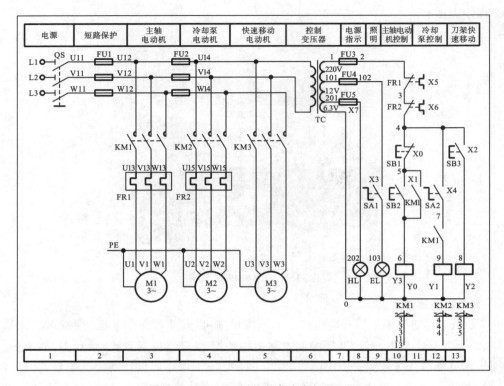

图 15-2 CA6140 型普通车床电气原理图

3）刀架快速移动控制

刀架快速移动电动机 M3 采用点动控制，按下 SB3，KM3 吸合，其主触头闭合，快速移动电动机 M3 启动，松开 SB3，KM3 释放，电动机 M3 停止。

4）照明和信号灯电路

接通电源，控制变压器输出电压，HL 直接得电发光，作为电源信号灯。

EL 为照明灯，将开关 SA1 闭合，EL 亮；将开关 SA1 断开，EL 熄灭。

三、相关知识

可编程控制器技术是一种工程实际应用技术，虽然 PLC 具有很高的可靠性，但如果使用不当，系统设计不合理，将直接影响到控制系统运行的安全性和可靠性，因此，如何按控制要求设计出安全可靠、运行稳定、操作简便、维护容易、性价比高的控制系统,是技术人员学习 PLC 的一个重要目标。

1. PLC 控制系统设计的基本原则

任何一种控制系统都是为了实现被控对象的工艺要求,以提高生产效率和产品质量。因此,在设计 PLC 控制系统时,应遵循以下基本原则。

(1) 最大限度地满足被控对象的控制要求。

(2) 保证控制系统的高可靠性、安全性。

(3) 满足上面条件的前提下,力求使控制系统简单、经济、实用和维修方便。

(4) 选择 PLC 时,要考虑生产和工艺改进所需的余量。

2. PLC 控制系统设计的一般步骤

PLC 控制系统设计的一般步骤如图 15-3 所示。

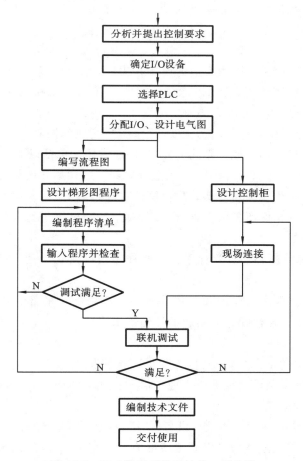

图 15-3　PLC 控制系统设计的一般步骤

（1）分析被控对象并提出控制要求。

详细分析被控对象的工艺过程及工作特点，了解被控对象机电液之间的配合，提出被控对象对 PLC 控制系统的控制动作和要求，确定控制方案，拟定设计任务书。

（2）确定 I/O 设备。

根据系统的控制要求，确定所需的输入设备和输出设备，从而确定 PLC 的 I/O 点数。

（3）选择 PLC。

PLC 的选择包括对 PLC 的机型、容量、I/O 模块、电源等的选择。

（4）分配 I/O 点并设计 PLC 的外围硬件电路。

画出 PLC 的 I/O 点与输入/输出设备的连接图或对应关系表；画出系统其他部分的电气电路图，包括主电路和未进入 PLC 的控制电路等。至此，系统的硬件电气电路已经确定。

（5）程序设计。

根据系统的控制要求，采用合适的设计方法来设计 PLC 程序。对于复杂的控制系统，需绘制系统控制流程图，用以清楚地表明动作的顺序和条件。对于简单的控制系统，也可省去这一步。

程序要以满足系统控制要求为主线，逐一编写实现各控制功能或各子任务的程序，逐步完善系统指定的功能。除此之外，程序通常还应包括以下内容。

① 初始化程序。在 PLC 上电后，一般都要做一些初始化的操作，为启动做必要的准备，避免系统发生误动作。初始化程序的主要内容有：对某些数据区、计数器等进行清零；对某些数据区所需数据进行恢复；对某些继电器进行置位或复位；对某些初始状态进行显示等。

② 检测、故障诊断和显示等程序。这些程序相对独立，一般在程序设计基本完成时再添加。

③ 保护和联锁程序。保护和联锁是程序中不可缺少的部分，必须认真加以考虑。它可以避免由于非法操作而引起的控制逻辑混乱。

（6）程序模拟调试。

程序模拟调试的基本思想是：以方便的形式模拟产生现场实际状态，为程序的运行创造必要的环境条件。根据产生现场信号方式的不同，模拟调试有硬件模拟法和软件模拟法两种形式。

① 硬件模拟法是使用一些硬件设备（如用另一台 PLC 或一些输入器件等）模拟产生现场的信号，并将这些信号以硬接线的方式连到 PLC 系统的输入端，其时效性较强。

② 软件模拟法是在 PLC 中另外编写一套模拟程序,模拟提供现场信号,其简单易行,但时效性不易保证。模拟调试过程中,可采用分段调试的方法,并利用编程器的监控功能。

(7)硬件实施。

硬件实施方面主要是进行控制柜(台)等硬件的设计及现场施工,主要内容如下。

① 设计控制柜和操作台等部分的电气分布图及安装接线图。

② 设计系统各部分之间的电气互连图。

③ 根据施工图纸进行现场接线,并进行详细检查。

由于程序设计与硬件实施可同时进行,因此 PLC 控制系统的设计周期可大大缩短。

(8)联机调试。

联机调试是将通过模拟调试的程序进一步进行在线统调。联机调试过程应循序渐进,从 PLC 只连接输入设备、再连接输出设备、再接上实际负载等逐步进行调试。如果不符合要求,则对硬件和程序作调整。通常只需修改部分程序即可。

全部调试完毕后,交付试运行。经过一段时间运行,如果工作正常,程序不需要修改,应将程序固化到 EPROM 中,以防程序丢失。

(9)整理和编写技术文件。

技术文件包括设计说明书、硬件原理图、安装接线图、电气元件明细表、PLC 程序以及使用说明书等。

四、任务实施

1. 输入/输出分配表

根据控制要求及分析 CA6140 型普通车床电气原理图,可以确定本控制系统有 6 个输入信号,即主电动机启动按钮 SB2、停止按钮 SB1、冷却泵电动机启动停止开关 SA2、刀架快速移动电动机点动按钮 SB3、主电动机和冷却泵电动机过载保护热继电器 FR1、FR2;输出信号有 5 个,即控制主电动机、冷却泵电动机、刀架快速移动电动机的接触器 KM1、KM2、KM3,电源信号灯 HL、照明灯 EL;其控制电路的输入/输出分配如表 15-1 所示。

表 15-1 CA6140 普通车床 PLC 改造输入/输出分配表

序号	PLC 地址(PLC 端子)	电气符号	功能说明
1	X00	SB1	电动机 M1 停止按钮
2	X01	SB2	电动机 M1 启动按钮
3	X02	SB3	电动机 M3 点动
4	X03	SA1	照明开关
5	X04	SA2	电动机 M2 开关
6	X05	FR1	电动机 M1 过热保护
7	X06	FR2	电动机 M2 过热保护
8	Y00	KM1	接触器 KM1
9	Y01	KM2	接触器 KM2
10	Y02	KM3	接触器 KM3
11	Y04	EL	照明指示灯 EL
12	Y05	HL	电源指示灯 HL

2. 输入/输出接线图

用三菱 FX_{2N} 型可编程控制器实现的 CA6140 型普通车床 PLC 改造输入/输出接线,如图 15-4 所示。

3. 编写梯形图程序

根据 CA6140 型普通车床电气控制要求,在原有接触器-继电器电路的基础上,通过相应的转换,编写的梯形图程序如图 15-5 所示。

4. 系统调试

(1) 在断电状态下,连接好 PC/PPI 电缆。

(2) 将 PLC 运行模式选择开关拨到 STOP 位置,此时 PLC 处于停止状态,可以进行程序编写。

(3) 在作为编程器的计算机上,运行 GX Developer 编程软件。

(4) 将图 15-5 所示的梯形图程序输入到计算机中。

(5) 将程序文件下载到 PLC 中。

(6) 将 PLC 运行模式的选择开关拨到 RUN 位置,使 PLC 进入运行方式。

(7) 在教师的现场监护下进行通电调试,验证系统功能是否符合控制要求。

① 启动总电源,电源指示灯 HL 亮。

② 将照明开关 SA1 旋到"开"的位置,照明指示灯 EL 亮,将 SA1 旋到"关",照

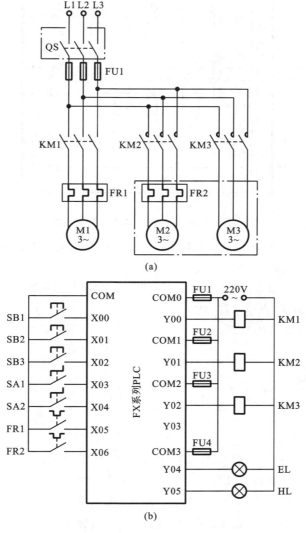

(a)

(b)

图 15-4　CA6140 型普通车床 PLC 改造输入/输出接线图

(a)电气控制主电路图；(b)PLC 控制 I/O 分配图

明指示灯 EL 灭。

③ 按下"主轴启动"按钮 SB2，KM1 吸合，主轴电动机转动，按下"主轴停止"按钮 SB1，KM1 释放，主轴电动机停转。

④ 冷却泵控制：按下 SB2 将主轴启动；将冷却泵开关 SA2 旋到"开"位置，KM2 吸合冷却泵电动机转动；将 SA2 旋到"关"位置，KM2 释放，冷却泵电动机停转。

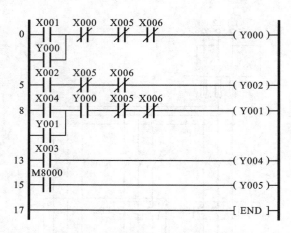

图 15-5　普通车床 PLC 改造梯形图程序

⑤ 快速移动电动机控制:按下 SB3,KM3 吸合,快速移动电动机转动;松开 SB3,KM3 释放,快速移动电动机停止。

(8)调试过程中如果出现故障,应分别检查硬件接线和梯形图程序是否有误,修改完成后应重新调试,直至系统能够正常工作。

(9)记录程序调试的结果。

五、知识拓展

1. PLC 的选型

PLC 的选择主要应从 PLC 的机型、容量、I/O 模块、电源模块、特殊功能模块、通信联网能力等方面加以综合考虑。

1)PLC 机型的选择

PLC 机型选择的基本原则是在满足功能要求及保证可靠、维护方便的前提下,力争最佳的性能价格比,选择时主要考虑以下几点。

(1)结构合理。

PLC 主要有整体式和模块式两种。

整体式 PLC 的每一个 I/O 点的平均价格比模块式的便宜,且体积相对较小,一般用于系统工艺过程较为固定的小型控制系统中;而模块式 PLC 的功能扩展灵活方便,在 I/O 点数、输入点数与输出点数的比例、I/O 模块的种类等方面选择余地大,且维修方便,一般用于较复杂的控制系统。

（2）功能合理。

一般小型（低档）PLC具有逻辑运算、定时、计数等功能，对于只需要开关量控制的设备都可满足。

对于以开关量控制为主、带少量模拟量控制的系统，可选用能带A/D和D/A转换单元、具有加减算术运算、数据传送功能的增强型低档PLC。

对于控制较复杂，要求实现PID运算、闭环控制、通信联网等功能，可视控制规模大小及复杂程度，选用中档或高档PLC。但是中、高档PLC价格较贵，一般用于大规模过程控制和集散控制系统等场合。

（3）机型尽量统一。

一个企业，应尽量做到PLC的机型统一，这主要是考虑到以下三方面问题。

①机型统一，其模块可互为备用，便于备品备件的采购和管理。

②机型统一，其功能和使用方法类似，有利于技术力量的培训和技术水平的提高。

③机型统一，其外部设备通用，资源可共享，易于联网通信，配上位计算机后易于形成一个多级分布式控制系统。

2）PLC容量的选择

PLC的容量包括I/O点数和用户存储容量两个方面。

（1）I/O点数的选择。

PLC平均的I/O点的价格还比较高，因此应该合理选用PLC的I/O点的数量，在满足控制要求的前提下力争使用的I/O点数最少，但必须留有一定的余量。

通常，I/O点数是根据被控对象的输入、输出信号的实际需要，再加上10%的余量来确定。

（2）存储容量的选择。

用户程序所需的存储容量大小不仅与PLC系统的功能有关，而且还与功能实现的方法、程序编写水平有关。

PLC的I/O点数的多少，在很大程度上反映了PLC系统的功能要求，因此可在I/O点数确定的基础上，按下式估算存储容量后，再加20%～30%的余量。

存储容量（字节）＝开关量I/O点数×10＋模拟量I/O通道数×100

另外，在存储容量选择的同时，注意对存储器的类型的选择。

2. PLC应用系统的可靠性保障措施

1）工作环境与安装

（1）PLC控制系统安置的周围不能存在可燃性、爆炸性的物品，空气中也不能混杂有灰尘、导电性粉尘、腐蚀性气体、可燃性气体、水分、油雾、有机溶剂等，否则会引起电器元件接触不良、误动作、绝缘性能变差和短路、印刷电路或引线被腐蚀损坏等现象。

(2) PLC 的工作温度一般为 0~55℃,安装于控制柜内的 PLC 主机及配置模块上下、左右、前后都要留有约 100 mm 的空间距离,尽量远离发热器件,I/O 模块配线时要使用导线槽,以免妨碍通风。控制柜内必须设置风扇或冷风机,通过滤网把自然风引入盘柜内,以便降温。高温使半导体器件容易损坏,超低温也能使器件工作不正常,因此在较寒冷的地区,还需要考虑恒温控制。

(3) PLC 可在相对湿度为 5%~95%(无凝结霜)条件下工作,在湿度较大的环境,要考虑把 PLC 主机及配置安装于封闭型的控制箱内,箱内放置吸湿剂或安置抽湿机。

(4) PLC 受振动和冲击的性能指标虽然符合国际电工委员会标准(承受振动和冲击频率为 10~50 Hz,振幅为 0.5 mm,振动加速度为 $2g$,冲击加速度为 $10g$,其中 g 表示重力加速度),但超过极限时,可能会导致机械结构松动、接线端子接触不良、电气部件误动作或疲劳损坏等后果。因此,PLC 系统控制柜应尽量远离振动源,采用防振橡胶封垫,强固控制器或 I/O 模块印刷板、连接器等可产生松动的部件或器件,连接线也要固定紧。

(5) PLC 系统控制柜应远离强干扰源,如高压电源线、大功率晶闸管装置、变频器、高频高压设备和大型动力设备等。PLC 不能与高压电器安装在同一个开关柜内,在柜内 PLC 应远离动力线(两者之间的距离应大于 200 mm),以避免电磁耦合干扰和高频辐射干扰。与 PLC 装在同一个开关柜内的电感性元件,如继电器、接触器的线圈,应并联 RC 消弧电路。

(6) PLC 的基本单元和扩展单元之间要留 30 mm 以上的空间,与其他电器之间要留 200 mm 左右的间隙。远离有可能产生电弧的开关或设备。

(7) PLC 主机及配置模块的安装,必须严格按照有关的使用说明书来进行,尽量做到安全、合理、正确、标准、规范、美观、实用。各项安装参数既要达到 PLC 的性能指标,也要符合国家电气安装技术标准。

2) 合理配线

(1) PLC 系统控制柜与现场设备之间的配线(电源线、动力线,直流信号输入/输出线、交流信号输入/输出线、模拟量信号输入/输出线)都应各自分开走线,分别用电缆敷设,而且电缆的屏蔽要良好。输入/输出线的接线长度虽允许为 50~100 m,但为了可靠起见,一般在 20 m 以内。对于长距离配线,建议采用中间继电器转换信号。传送模拟信号最好采用屏蔽线,且屏蔽线的屏蔽层应一端接地。如果模拟量输入/输出信号距离 PLC 较远,应采用 4~20 mA 或 0~10 mA 的电流传输方式,而不是采用易受干扰的电压传输方式。

（2）PLC系统控制柜内的配线（各类型的电源线、控制线、信号线、输入线、输出线等）要各自分开并保持一定的距离，特别不允许信号线、输入线、输出线与其他动力线在同一导管内通过或捆扎在一起，如不得已要在同一线槽中布线，应使用屏蔽电缆。

（3）当系统中配置有扩展模块或单元时，PLC的基本单元与扩展单元之间电缆传送的信号电压低、频率高，很容易受干扰，不能与其他线敷设在同一线槽内。扩展电缆要远离PLC主机的输出线或其他动力线30～50 mm。

（4）PLC的接地线与电源线或动力线、零线应分开。

（5）不同的信号线最好不用同一个插接件转接，如果必须用同一个插接件，则要用备用端子或地线端子将它们分隔开，以减少相互干扰。

3）PLC的接地

良好的接地是PLC安全可靠运行的重要条件。为了抑制干扰，PLC一般最好单独接地，如图15-6(a)所示。也可以采用公共接地，如图15-6(b)所示。禁止使用如图15-6(c)所示的串联接地方式，这是因为这种接地方式会产生PLC与设备之间的电位差。

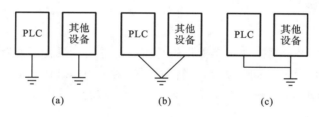

图 15-6　PLC 的接地
(a)单独接地；(b)公共接地；(c)串联接地

（1）接地线应尽量粗，一般接地线截面应大于 2 mm²。PLC 接地系统的接地电阻一般应小于 4 Ω。

（2）接地点应离 PLC 越近越好，即接地线越短越好。接地点与 PLC 间的距离不大于 50 m。如果 PLC 由多单元组成，各单元之间应采用同一点接地，以保证各单元间等电位。当然，如果有一台 PLC 的 I/O 单元分散在较远的现场（超过 100 m），是可以分开接地的。

（3）接地线应尽量避开强电回路和主回路的电线，不能避开时，应垂直相交，应尽量缩短平行走线长度。

（4）PLC 的输入/输出信号线采用屏蔽电缆时，其屏蔽层应用一点接地，并用靠近 PLC 这一端的电缆接地,电缆的另一端不接地。如果信号随噪声波动,可以连接一个 $0.1\sim0.47\ \mu F/25\ V$ 的电容器到接地端。

4)PLC 的日常维护

(1)建立系统的设备档案,包括设备一览表、程序清单和有关说明、设计图纸、运行记录和维修记录等。

(2)采用标准的记录格式对系统运行情况和设备状况进行记录,对故障现象和维修情况进行记录,这些记录应便于归档。运行记录的内容包括日期、故障现象和当时的环境状态、故障分析、处理方法和结果、故障发现人员和维修处理人员的签名等。

(3)系统的定期保养。根据定期保养一览表,对需要保养的设备和线路进行检查和保养,并记录保养的内容。

(4)检查可编程控制器,包括对各模件的运行状态、锂电池或电容的使用时间等的检查。

(5)清洁卫生工作。

六、任务拓展

设计一个用 PLC 对工业铲车操作进行控制的系统。控制要求为:可将货物铲起或放下,并能进行前进、后退、左转、右转的操作,要求动作过程如下:

铲起→向前 0.5 米→左转 90°后向前 0.5 米→右转 90°后向前 0.5 米→右转 90°后后退 0.5 米→放下。

编制其 PLC 程序,安装接线并调试运行。

七、巩固与提高

(1)设计程序,对 X0 输入的脉冲信号计数,当累计到 50 个脉冲时,使输出 Y0 接通,然后继续计数 50 次后,使输出 Y0 断开。

(2)小车的控制要求如下。

① 当小车所停位置 SQ 的编号大于呼叫的 SB 的编号时,小车往左运行至呼叫的 SB 位置后停下。

② 当小车所停位置 SQ 的编号小于呼叫的 SB 的编号时,小车往右运行至呼叫

的 SB 位置后停下。

③ 当小车所停位置 SQ 的编号等于呼叫的 SB 的编号时,小车不动。

小车运行的示意图如图 15-7 所示,请按设计要求,遵循设计步骤进行设计。

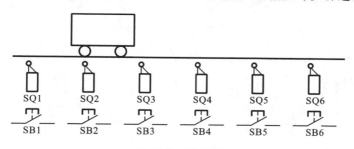

图 15-7　题 2 图

（3）C650 卧式车床的结构形式如图 15-8 所示,现要对其进行改造,将原有的继电器控制系统改为 PLC 控制系统,具体控制要求如下。

① 主电动机 M1(功率为 30 kW)完成主轴主运动和刀具进给运动的驱动,电动机采用直接启动方式启动,可正、反两个方向旋转。

② 为了加工调整方便,系统要求具有点动功能。

③ 主电动机 M1 可进行正、反两个旋转方向的电气停车制动,停车制动采用反接制动。

④ 电动机 M2 拖动冷却泵,在加工时提供切削液,采用直接启/停方式,并且为连续工作状态。

⑤ 为减轻工人的劳动强度和节省辅助工作时间,要求快速移动电动机 M3 带动溜板箱能够快速移动。M3 可根据使用需要,随时手动控制启/停。

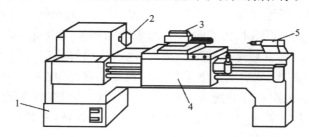

图 15-8　题 3 图

1—床身;2—主轴;3—刀架;4—溜板箱;5—尾架

项目十三　基于 PLC 的多段速控制

一、学习目标

知识目标

(1) 了解变频器的工作原理、基本结构和各基本功能参数的意义。

(2) 熟悉变频器操作面板和外部端子组合控制的接线和参数设置。

(3) 熟悉变频器多段调速的参数设置和外部端子的接线。

能力目标

(1) 了解变频器外部控制端子的功能,学会外部运行模式下变频器的操作方法。

(2) 能够独立完成 PLC 多段速控制系统线路的安装。

(3) 能运用变频器的外部端子和参数设置实现基于 PLC 的多段速控制。

二、项目介绍

现代工业生产中,在不同场合下要求生产机械采用不同的速度进行工作,以保证生产机械的合理运行,并提高产品的质量。改变生产机械的速度就是调速。如金属切削机械在进行精加工时,为提高工件的表面光洁度而需要提高切削速度,对鼓风机和泵类负载,用调节转速来调节流量的方法,比通过阀门来调节的方法更要节能等。20 世纪 70 年代,随着交流电动机的调速控制理论、电力电子技术、以微处理器为核心的全数字化控制等关键技术的发展,交流电动机变频调速技术逐步成熟。目前,变频技术的运用几乎已经扩展到了工业的所有领域,并且在空调、洗衣机、电冰箱等家电产品中也得到了广泛的应用。

1. 项目描述

在工业自动化控制系统中,最为常见的是 PLC 和变频器的组合运用,并且产生了多种多样的 PLC 控制变频器的方式,比如可以利用 PLC 的模拟量输出模块控制变频器,PLC 还可以通过 485 通信接口控制变频器,也可以利用 PLC 的开关量输入/

输出模块控制变频器。

2. 控制要求

用 PLC、变频器设计一个电动机 7 段速度运行的综合控制系统,其控制要求如下。

按下启动按钮,电动机以表 16-1 中设置的频率进行 7 段速度运行,每隔 5 s 变化一次速度,最后电动机以 45 Hz 的频率稳定运行,按停止按钮,电动机即停止工作。

表 16-1　7 段速度的设定值

7 段速度	1 段	2 段	3 段	4 段	5 段	6 段	7 段
设定值	10 Hz	20 Hz	25 Hz	30 Hz	35 Hz	40 Hz	45 Hz

三、相关知识

1. 变频器的基本调速原理

三相异步电动机的转速表达式为

$$n = n_0(1 - s) = \frac{60f}{p}(1 - s)$$

由上述公式可知,改变三相鼠笼型异步电动机的供电电源频率,也就是改变电动机的同步转速 n_0,即可实现电动机的调速,这就是变频调速的基本原理。

从公式表面看来,只要改变定子电源电压的频率 f 就可以调节转速大小了,但事实上只改变 f 并不能正常调速,而且会引起电动机因过电流而烧毁的可能。这是由异步电动机的特性所决定的。

对三相异步电动机实行调速时,希望主磁通保持不变。因为如果磁通太弱,铁芯利用不充分,同样的转子电流下,电磁转矩就小,电动机的负载能力下降,要想使负载能力恒定就得加大转子电流,这会引起电动机因过电流发热而烧毁;如果磁通太强,电动机会处于过励磁状态,使励磁电流过大,铁芯发热,同样会引起电动机过电流发热。所以变频调速一定要保持磁通恒定。

如何才能实现磁通恒定?根据三相异步电动机定子每相电动势的有效值为

$$\mathscr{E}_1 = 4.44f_1N_1\Phi_m$$

对某一电动机来讲,$4.44N_1$ 是一个固定常数,从公式可知,每极磁通 Φ_m 的值是由 f_1 和 $\mathscr{E}_1$ 共同决定的,对 f_1 和 $\mathscr{E}_1$ 进行适当控制,就可维持磁通量 Φ_m 不变。所以只要保持 $\dfrac{\mathscr{E}_1}{f_1}$ 等于一个常数,即保持电动势与频率之比为一常数进行控制即可。

由上面分析可知,异步电动机的变频调速必须按照一定的规律同时改变其定子电压和频率,即必须通过变频器获得电压和频率均可调节的供电电源,来实现变压变频调速控制。

2. 变频器的基本结构

变频器分为交-交和交-直-交两种形式。交-交变频器可将工频交流直接转换成频率、电压均可控制的交流;交-直-交变频器则先把工频交流通过整流器转换成直流,然后再把直流转换成频率、电压均可控制的交流,其基本构成如图 16-1 所示。变频器主要由主电路(包括整流器、中间直流环节、逆变器)和控制电路组成。

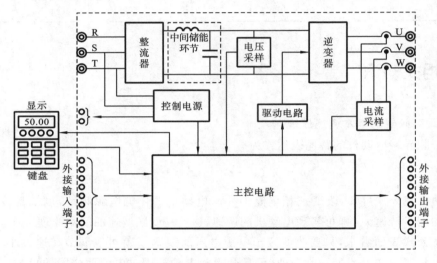

图 16-1　变频器基本结构

整流器主要是将电网的交流整流成直流;逆变器是通过三相桥式逆变电路将直流转换成任意频率的三相交流;中间环节又称中间储能环节,由于变频器的负载一般为电动机,属于感性负载,运行中中间直流环节和电动机之间总会有无功功率交换,这种无功功率将由中间环节的储能元件(电容器或电抗器)来缓冲;控制电路主要是完成对逆变器的开关控制,对整流器的电压控制以及完成各种保护功能。

3. 变频器的操作面板

三菱公司的 FR-A500 系列变频器的外形如图 16-2 所示,操作面板外形如图16-3所示,操作面板各按键及各显示符的功能分别如表 16-2、表 16-3 所示。

图 16-2　变频器外形结构示意图

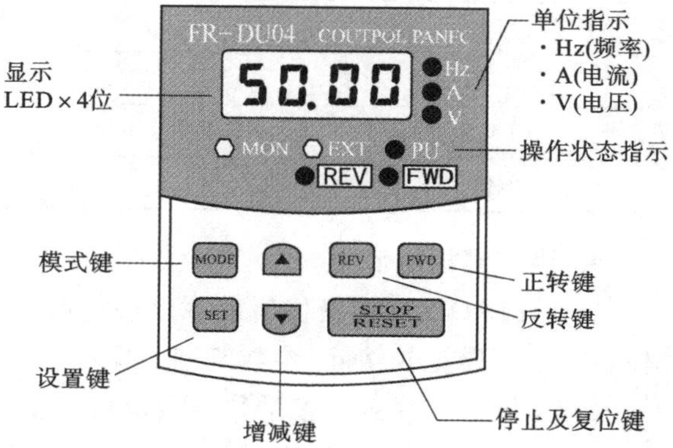

图 16-3　操作面板(FR-DU04)外形图

表 16-2　操作面板各按键功能

按　键	说　　明
MODE 键	可用于选择操作模式或设定模式
SET 键	用于确定频率和参数的设定
▲/▼ 键	用于连续增加或降低运行频率。按下这个键可改变频率 在设定模式中按下此键,则可连续设定参数
FWD 键	用于给出正转指令
REV 键	用于给出反转指令
STOP RESET 键	用于停止运行 用于保护功能动作输出停止时复位变频器(用于主要故障)

表 16-3　操作面板各显示符的功能

显　示	说　　明
Hz	显示频率时点亮
A	显示电流时点亮

续表

显 示	说 明
V	显示电压时点亮
MON	监视显示模式时点亮
PU	PU 操作模式时点亮
EXT	外部操作模式时点亮
FWD	正转时闪烁
REV	反转时闪烁

4. 操作面板的使用

通过 FR-DU04 型操作面板可以进行改变监视模式、设定运行频率、设定参数、显示错误、报警记录清除、参数复制等操作。下面介绍几种最常用的操作方法。

(1) PU 工作模式。按"MODE"键可改变 PU 工作模式,如图 16-4 所示。

(2) 监视模式。在监视模式下,按"SET"键可改变监视类型,其操作如图 16-5 所示,监视显示在运行中也可改变。

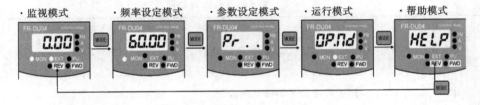

图 16-4　PU 工作模式的操作

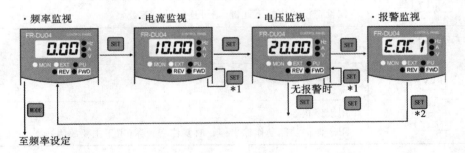

图 16-5　改变监视类型的操作

说明:① 按下标有 *1 的 ┃SET┃ 键超过 1.5 s 能把电流监视模式改为上电监视模式。

② 按下标有 *2 的 ┃SET┃ 键超过 1.5 s 能显示包括最近 4 次的错误指示。

③ 在外部操作模式下转换到参数设定模式。

（3）频率设定模式。在频率设定模式下,可以改变频率设定,其操作如图 16-6 所示。

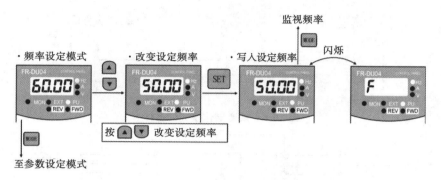

图 16-6 改变设定频率的操作

（4）参数设定模式。在参数设定模式下,改变参数号及参数设定值时,可以用 键来设定,其操作如图 16-7 所示。

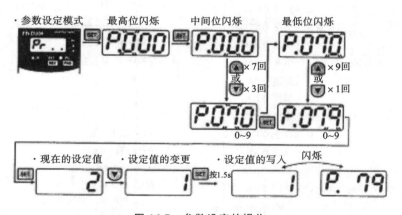

图 16-7 参数设定的操作

（5）运行模式。

在运行模式下,可以用 键改变操作模式,其操作如图 16-8 所示。

5. 外部端子接线图

三菱公司的 FR-A500 系列变频器的各电路接线端子如图 16-9 所示,有关端子的说明如表 16-4 所示。

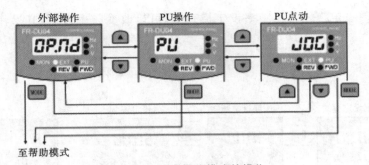

外部操作　　　　　PU操作　　　　　PU点动

至帮助模式

图 16-8　改变操作模式的操作

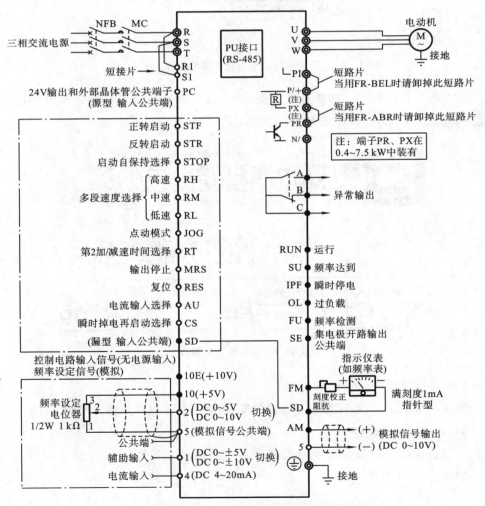

图 16-9　FR-A500 系列变频器各电路接线端子

表 16-4　控制回路端子说明

类型		端子记号	端子名称	说　明	
输入信号	启动及功能设定	STF	正转启动	STF 处于 ON 为正转,处于 OFF 为停止。程序运行模式时,为程序运行开始信号(ON 开始,OFF 停止)	当 STF 和 STR 信号同时处于 ON 时,相当于给出停止指令
		STR	反转启动	STR 信号处于 ON 为反转,处于 OFF 为停止	
		STOP	启动保持选择	使 STOP 信号处于 ON,可以选择启动信号自保持	
		RH、RM、RL	多段速度选择	用 RH、RM 和 RL 信号的组合可以选择多段速度	
		JOG	点动模式选择	JOG 信号 ON 时选择点动运行(出厂设定),用启动信号(STF 和 STR)可以点动运行	输入端子功能选择(Pr. 180～Pr. 186)用于改变端子功能
		RT	第 2 加/减速时间选择	RT 信号处于 ON 时选择第 2 加/减速时间。设定了[第 2 力矩提升]第 2 V/F(基底频率)时,也可以用 RT 信号处于 ON 时选择这些功能	
		MRS	输出停止	MRS 信号为 ON(20 ms 以上)时,变频器输出停止。用电磁制动停止电动机时,用于断开变频器的输出	
		RES	复位	使端子 RES 信号处于 ON(0.1 s 以上)时,然后断开,可用于解除保护回路动作的状态	
		AU	电流输入选择	只在端子 AU 信号处于 ON 时,变频器才可用直流 4～20 mA 作为频率设定信号	输入端子功能选择(Pr. 180～Pr. 186)用于改变端子功能
		CS	瞬时停电再启动选择	CS 信号预先处于 ON 时,瞬时停电再恢复时变频器便可自动启动,但用这种运行方式时必须设定有关参数,因为出厂时设定为不能再启动	

类型		端子记号	端子名称	说　明	
输入信号	启动及功能设定	SD	公共输入端（漏型）	输入端子和 FM 端子的公共端。直流 24 V、0.1 A(PC 端子)电源的输出公共端	
		PC	直流 24 V 电源和外部晶体管公共端接点输入公共端（源型）	当连接晶体管输出(集电极开路输出,如可编程控制器)时,将晶体管输出用的外部电源公共端接到这个端子时可以防止因漏电引起的误动作,该端子可用于直流 24 V、0.1 A电源输出。当选择源型时,该端子作为接点输入的公共端	
模拟信号	频率设定	10E	频率设定用电源	10 V DC,容许负荷电流 10 mA	按出厂设定状态连接频率设定电位器时,与端子 10 连接。当连接到 10E 时,改变端子 2 的输入规格
		10		10 V DC,容许负荷电流 10 mA	
		2	频率设定(电压)	输入 0～5 V DC(或 0～10 V DC)时,5 V(10 V)对应为最大输出频率,输入/输出成比例。用操作面板进行输入直流 0～5 V(出厂设定)和 0～10 V 的切换。输入阻抗为 10 kΩ,容许最大电压为直流 20 V	
		4	频率设定(电流)	4～20 mA DC,20 mA 为最大输出频率,输入/输出成比例。只在端子 AU 信号处于 ON 时,该输入信号有效。输入阻抗为 250 Ω 时,容许最大电流为 30 mA	
		1	辅助频率设定	输入 0～±5 V DC 或 0～±10 V DC 时,端子 2 或 4 的频率设定信号与这个信号相加。用 Pr.73 设定不同的参数进行输入 0～±5 V DC 或 0～±10 V DC(出厂设定)的选择。输入阻抗 10 kΩ,容许电压为 ±20 V DC	
		5	频率设定公共端	频率信号设定端(2,1 或 4)和模拟输出端 AM 的公共端子不要接地	

类型		端子记号	端子名称	说　明	
输出信号	接点	A、B、C	异常输出	指示变频器因保护功能动作而输出停止的转换接点，AC 200 V，0.3 A，DC 30 V，0.3 A。异常时，B-C 间不导通（A-C 间导通），正常时，B-C 间导通（A-C 间不导通）	输出端子的功能选择通过（Pr. 190 ～ Pr. 195）改变端子功能
	集电极开路	RUN	变频器正在运行	变频器输出频率为启动频率（出厂时为 0.5 Hz，可变更）以上时为低电平，正在停止或正在直流制动时为高电平[*1]，容许负荷为 DC 24 V，0.1 A	
		SU	频率到达	输出频率达到设定频率的±10%（出厂设定，可变更）时为低电平，正在加/减或停止时为高电平[*2]，容许负荷为 DC 24 V，0.1 A	
		OL	过负荷报警	当失速保护功能动作时为低电平，失速保护解除时为高电平[*1]，容许负荷为 DC 24 V，0.1 A	
		IPF	瞬时停电	瞬时停电，电压不足保护动作时为低电平[*1]，容许负荷为 DC 24 V，0.1 A	
		FU	频率检测	输出频率为任意设定的检测频率以上时为低电平，以下时为高电平[*1]，容许负荷为 DC 24 V，0.1 A	
		SE	集电极开路输出公共端	端子 RUN、SU、OL、IPF、FU 的公共端子	
	脉冲	FM	指示仪表用	可以从 16 种监视项目中选一种作为输出[*2]，如输出频率，输出信号与监视项目的大小成比例	出厂设定的输出项目：频率容许负荷电流 1 mA，60 Hz时为 1 440 脉冲/s
	模拟	AM	模拟信号输出		出厂设定的输出项目：频率输出信号 0 ～ 10 V DC 时，容许负荷电流为 1 mA

类型	端子记号	端子名称	说　　　明
通信 RS-485	PU	PU 接口	通过操作面板的接口,进行 RS-485 通信 • 遵守标准:EIA RS-485 标准 • 通信方式:多任务通信 • 通信速率:最大为 19200 bit/s • 最长距离:500 m

说明:*1 低电平表示集电极开路输出用的晶体管处于 ON(导通状态),高电平为 OFF(不导通状态);

　　*2 变频器复位中不被输出。

6. 变频器的外部运行操作方式

1) 外部信号控制变频器连续运行

图 16-10 所示是外部信号控制变频器连续运行的接线图。当变频器需要用外部信号控制连续运行时,将 P79 设为 2,此时,EXT 灯亮,变频器的启动、停止以及频率都通过外部端子由外部信号来控制。

若按图 16-10(a)所示接线,当合上 SB1、调节电位器 RP 时,电动机可正向加、减速运行;当断开 SB1 时,电动机停止运行。当合上 SB2、调节电位器 RP 时,电动机可反向加、减速运行;当断开 SB2 时,电动机停止运行。当 SB1、SB2 同时合上时,电动机停止运行。

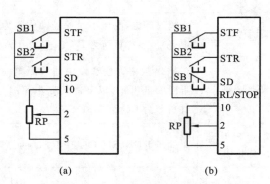

(a)　　　　　　　　　　　(b)

图 16-10　外部信号控制连续运行的接线图

若按图 16-10(b)所示接线,将 RL 端子功能设置为"STOP"(运行自保持)状态(P60=5),当按下 SB1、调节电位器 RP 时,电动机可正向加、减速运行,当断开 SB1 时,电动机继续运行,当按下 SB 时,电动机停止运行。当按下 SB2、调节电位器 RP 时,电动机可反向加、减速运行,当断开 SB2 时,电动机继续运行,当按下 SB 时,电动机停止运行。当先按下 SB1(或 SB2)时,电动机可正向(或反向)运行,之后再按下 SB2(或 SB1)时,电动机停止运行。

2) 外部信号控制变频器点动运行(P15、P16)

当变频器需要用外部信号控制点动运行时,可将 P60~P63 的设定值定为 9,这时对应的 RL、RM、RH、STR 可设定为点动运行端口。点动运行频率由 P15 决定,并且把 P15 的设定值设定在 P13 的设定值之上;点动加、减速时间参数由 P16 设定。

按图 16-11 所示接线,将 P79 设为 2,变频器只能执行外部操作模式。将 P60 设为 9,并将对应的 RL 端子设定为点动运行端口(JOG),此时,变频器处于外部点动状态,设定好点动运行频率(P15)和点动加、减速时间参数(P16)。在此条件下,若按 SB1,电动机点动正向运行;若按 SB2,电动机点动反向运行。

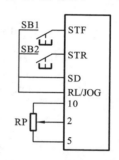

图 16-11　外部信号控制点动运行的接线图

7. 操作面板 PU 与外部信号的组合控制

(1) 外部端子控制电动机启停,操作面板 PU 设定运行频率(P79=3)。

当需要操作面板 PU 与外部信号的组合控制变频器连续运行时,将 P79 设为 3,"EXT"和"PU"灯同时亮,可用外部端子"STF"或"STR"控制电动机的启动、停止,用操作面板 PU 设定运行频率。在图 16-10(a) 中,合上 SB1,电动机正向运行在 PU 设定的频率上,断开 SB1,电动机停止;合上 SB2,电动机反向运行在 PU 设定的频率上,断开 SB2,电动机停止。

(2) 操作面板 PU 控制电动机的启动、停止,用外部端子设定运行频率(P79=4)。

若将 P79 设为 4,"EXT"和"PU"灯同时亮,可按操作面板 PU 上的"RUN"和"STOP"键控制电动机的启动、停止,调节外部电位器 RP,可改变运行频率。

8. 多段速度运行

变频器可以在 3 段(P4~P6)或 7 段(P4~P6 和 P24~P27)速度下运行,如表 16-5 所示,其运行频率分别由参数 P4~P6 和 P24~P27 来设定,由外部端子来控制变频器实际运行在哪一段速度。图 16-12 所示为 7 段速度对应的端子示意图。

表 16-5　7 段速度对应的参数号和端子

7 段速度	1 段	2 段	3 段	4 段	5 段	6 段	7 段
输入端子闭合	RH	RM	RL	RM、RL	RH、RL	RH、RM	RH、RM、RL
参数号	P4	P5	P6	P24	P25	P26	P27

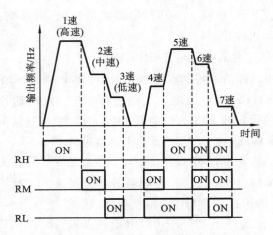

图 16-12   7 段速度对应端子示意图

四、任务实施

1. 设计思路

电动机的 7 段速度运行可采用变频器的多段运行来控制,变频器的多段运行信号通过 PLC 的输出端子来提供,即通过 PLC 控制变频器的 RL、RM、RH、STR、STF 端子与 SD 端子的通和断。将 P79 设为 3,采用操作面板 PU 与外部信号的组合控制,用操作面板 PU 设定运行频率,用外部端子控制电动机的启动、停止。

2. 变频器的参数设定

根据表 16-1 的控制要求,设定变频器的基本参数、操作模式选择参数和多段速度设定等参数,具体如下。

(1)上限频率 P1＝50 Hz。

(2)下限频率 P2＝0 Hz。

(3)基波频率 P3＝50 Hz。

(4)加速时间 P7＝2.5 s。

(5)减速时间 P8＝2.5 s。

(6)将电子过电流保护 P9 设定为电动机的额定电流。

(7)操作模式选择(组合)P79＝3。

(8)多段速度设定(1 速)P4＝10 Hz。

(9)多段速度设定(2 速)P5＝20 Hz。

（10）多段速度设定（3 速）P6＝25 Hz。

（11）多段速度设定（4 速）P24＝30 Hz。

（12）多段速度设定（5 速）P25＝35 Hz。

（13）多段速度设定（6 速）P26＝40 Hz。

（14）多段速度设定（7 速）P27＝45 Hz。

（15）将 STR 端子功能选择设为"复位"（RES）功能，即 P63＝10。

3. 输入/输出分配表

7 段速度 PLC 控制的输入/输出分配如表 16-6 所示。

表 16-6　7 段速度 PLC 控制输入/输出分配表

输　　　入	输　入　点	输　　　出	输　出　点
启动按钮 SB1	X0	运行信号 STF	Y0
停止按钮 SB2	X1	1 速（RH）	Y1
		2 速（RM）	Y2
		3 速（RL）	Y3
		复位（STR/RES）	Y4

4. 输入/输出接线图

用三菱 FX$_{2N}$型可编程控制器实现 7 段速度 PLC 控制的输入/输出接线，如图 16-13 所示。

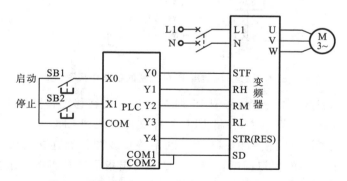

图 16-13　7 段速度 PLC 控制 PLC 与变频器的外部接线示意图

5. 编写梯形图程序

根据系统控制要求，可设计出控制系统的状态转移图，如图 16-14 所示。

6. 系统调试

（1）先给变频器上电，按上述变频器的设定参数值进行变频器的参数设定。

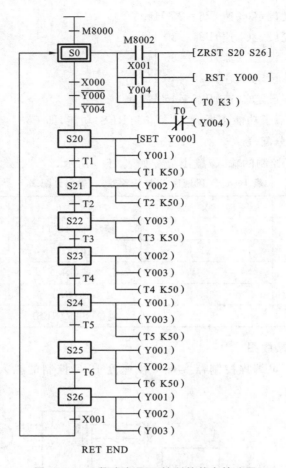

图 16-14　7 段速度 PLC 控制的状态转移图

(2) 输入 PLC 梯形图程序,将图 16-14 所示的状态转移图转换成步进梯形图,通过编程软件正确输入计算机中,并将 PLC 程序文件下载到 PLC 中。

(3) PLC 模拟调试。按图 16-13 所示的系统接线图正确连接好输入设备(按钮 SB1、SB2),进行 PLC 的模拟调试,观察 PLC 的输出指示灯是否按要求指示(按下启动按钮 SB1,PLC 输出指示灯 Y0、Y1 亮,5 s 后 Y1 灭,Y0、Y2 亮,再过 5 s 后 Y2 灭,Y0、Y3 亮,再过 5 s 后 Y1 灭,Y0、Y2、Y3 亮,再过 5 s 后 Y2 灭,Y0、Y1、Y3 亮,再过 5 s 后 Y3 灭,Y0、Y1、Y2 亮,再过 5 s 后 Y0、Y1、Y2、Y3 亮,任何时候按下停止按钮 SB2,Y0~Y3 都熄灭,Y4 闪一下)。若输出有误,检查并修改程序,直至指示正确。

(4) 空载调试。按图 16-13 所示的系统接线图,将 PLC 与变频器连接好,但不接电动机,进行 PLC、变频器的空载调试,通过变频器的操作面板观察变频器的输出频率是否符合要求(即按下启动按钮 SB1,变频器输出 10 Hz,5 s 后输出 20 Hz,以后分别以 5 s 的间隔输出 25 Hz、30 Hz、35 Hz、40 Hz、45 Hz,任何时候按下停止按钮 SB2,变频器在 2 s 内减速至停止),若变频器的输出频率不符合要求,检查变频器参数、PLC 程序,直至变频器按要求运行。

(5)系统调试。按图 16-13 所示的系统接线图正确连接好全部设备,进行系统调试,观察电动机能否按控制要求运行(即按下启动按钮 SB1,电动机以 10 Hz 速度运行,5 s 后转为 20 Hz 速度运行,以后分别以 5 s 的间隔转为 25 Hz、30 Hz、35 Hz、40 Hz、45 Hz 的速度运行,任何时候按下停止按钮 SB2,电动机在 2 s 内减速至停止)。否则,检查系统接线、变频器参数、PLC 程序,直至电动机按控制要求运行。

(6)记录程序调试的结果。

五、任务拓展

用 PLC、变频器设计一个运料小车控制系统,其控制要求如下:

(1)启动按钮 SB1 用来开启运料小车,停止按钮 SB2 用来手动停止运料小车,小车运行到位用左右限位开关模拟。

(2)工艺流程:按下 SB1,小车从原点启动,右行,直到碰到 SQ2,KM1 接触器吸合,使料斗开启 7 s 装料。随后,小车自动返回原点,直到碰到原点限位开关为止。小车卸料时,KM2 接触器吸合,小车卸料时间为 5 s。5 s 后卸料结束,完成任务。

(3)小车不在原位不能启动。如果小车不在原位,按停止按钮可回到原点。

编制其 PLC 程序,安装接线并调试运行。

六、巩固与提高

(1)某电动机在生产过程中的控制要求如下:按下启动按钮,电动机以表 16-7 设定的频率进行 5 段速度运行,每隔 8 s 变化一次速度,按下停止按钮,电动机停止运行。试用 PLC 和变频器设计电动机 5 段速度运行的控制系统。

表 16-7　5 段速度的设定值

5 段速度	1 段	2 段	3 段	4 段	5 段
设定值/Hz	15	25	35	40	45

（2）用 PLC、变频器设计一个工业洗衣机的控制系统。其控制要求如下。

工业洗衣机的控制流程如图 16-15 所示。系统在初始状态时，按启动按钮开始进水。到达高水位时，停止进水，并开始洗涤正转。洗涤正转 15 s 后暂停 3 s，洗涤反转 15 s 后暂停 3 s（为一个小循环）。

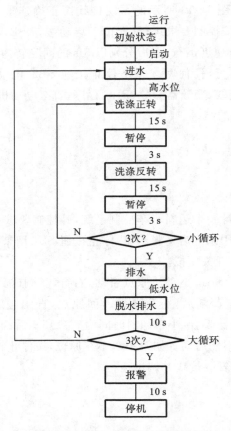

图 16-15 工业洗衣机的控制流程

若小循环未满 3 次，则返回洗涤正转开始下一个小循环；若小循环满 3 次，则结束小循环开始排水。水位下降到低水位时，开始脱水并继续排水，脱水 10 s 即完成一个大循环。

若大循环未满 3 次，则返回进水开始下一次大循环；若完成 3 次大循环，则进行洗完报警，报警 10 s 后结束全部过程，自动停机。

项目十四　三菱 FX₂ₙ 系列 PLC 的网络应用

一、学习目标

知识目标

（1）了解 PLC 通信的基本知识，了解三菱 PLC N∶N 网络的工作原理。

（2）掌握与通信有关的特殊辅助继电器及数据寄存器的功能及含义。

能力目标

（1）能够正确应用 RS-485-BD 通信模板，理解主站、从站的概念，并能正确进行接线。

（2）能够组建 N∶N 网络，进行简单通信程序的编写。

（3）按规定进行通电调试，出现故障时，能根据设计要求独立检修，直至系统正常工作。

二、项目介绍

PLC 的通信指的是 PLC 与计算机、PLC 与现场设备以及 PLC 与 PLC 之间的信息交换。随着网络技术的发展、工业自动化程度要求的提高，生产过程的自动控制系统从传统的集中式控制向多级分布式控制方向发展，构成控制系统的 PLC 也必须具备通信及网络的功能。因此，为适应工业自动化系统不断提高的自动化要求，几乎所有的 PLC 厂家都开发了自己的通信接口和通信模块。

本项目以亚龙 YL-335B 型自动生产线实训考核设备为平台，进行网络组建，具体控制要求如下。

（1）0 号站的 X1~X4 分别对应 1~4 号站的 Y0（注：即当网络正常工作时，按下 0 号站 X1，则 1 号站的 Y0 输出，以此类推）。

（2）1~4 号站的 D200 的值等于 50 时，对应 0 号站的 Y1、Y2、Y3、Y4 输出。

（3）从 1 号站读取 4 号站的 D220 的值，保存到 1 号站的 D220 中。

三、相关知识

1. PLC 通信的基本知识

1）通信系统

通信系统由硬件设备和软件共同组成。其中,硬件设备包括发送设备、接收设备和通信介质等,软件包括通信协议和通信编程软件。PLC 通信的任务就是把地理位置不同的 PLC、计算机、各种现场设备用通信介质连接起来,按照通信协议和通信软件的要求,完成数据的传送、交换和处理。

2）通信协议

PLC 网络与计算机网络一样,也是由各种数字设备(包括 PLC、计算机)和终端设备(显示器、打印机等)通过通信线路连接起来的复合系统。在网络系统中,为确保数据通信双方能正确而自动地进行通信,针对通信过程中由于各种数字设备的型号、通信线路的类型、连接方式、同步方式、通信方式的不同等原因引起的各种问题,制定了一整套约定,这就是网络系统的通信协议,又称为网络通信规程。通信协议主要用于规定各种数据的传输规则,使之能更有效地利用通信资源,以保证通信的畅通。

根据通信系统中数据传输方式的不同,通信协议可以分为并行通信和串行通信两种方式。

（1）并行通信。

并行通信是以字节或字为单位的数据传输方式,一个数据的所有位同时传送,因此,每个数据位都需要一条单独的传输线,信息有多少二进制位(bit)就需要多少条传输线。并行通信的传送速度快,但是传输线多,成本高,一般用于近距离的数据传送。并行通信一般用于 PLC 的内部,如 PLC 内部元件之间、PLC 主机与扩展模块之间或近距离智能模块之间的数据通信。并行通信的传送格式如图 17-1 所示。

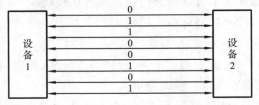

图 17-1　并行通信传送格式示意图

（2）串行通信。

串行通信是以二进制的位为单位的数据传输方式，传送时，数据的各个不同位分时使用同一条传输线，从低位开始一位接一位地按顺序传送，数据有多少位就需要传送多少次，每次只传送一位，串行通信需要的传输线少，最少的只需要两三根线，适用于距离较远的场合。串行通信多用于 PLC 与计算机之间、多台 PLC 之间的数据通信，其传送格式如图 17-2 所示。

在串行通信中，传输速率常用比特率（每秒传送的二进制位数）来表示，其单位是比特/秒（bit/s）。传输速率是评价通信速度的重要指标。常用的标准传输速率有 300 bit/s、600 bit/s、1200 bit/s、2400 bit/s、4800 bit/s、9600 bit/s 和 19200 bit/s 等。不同的串行通信方式的传输速率差别极大，有的只有数百比特/秒，有的可达 100 Mbit/s。

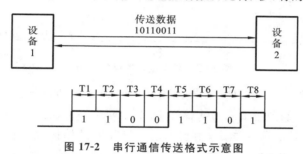

图 17-2　串行通信传送格式示意图

① 单工通信与双工通信。

串行通信按信息在设备间的传送方向又分为单工通信和双工通信两种方式。

单工通信方式只能沿单一方向发送或接收数据。双工通信方式的信息可沿两个方向传送，每一个通信方既可以发送数据，也可以接收数据。双工通信方式又分为全双工通信和半双工通信两种方式。数据的发送和接收分别由两根或两组不同的数据线传送，通信的双方都能在同一时刻接收和发送信息，这种传送方式称为全双工通信方式；用同一根线或同一组线接收和发送数据，通信的双方在同一时刻只能发送数据或接收数据，这种传送方式称为半双工通信方式。在 PLC 通信中通常采用半双工通信和全双工通信。

② 异步通信与同步通信。

在串行通信中，通信的速率与时钟脉冲有关，接收方和发送方的传送速率应相同，但是实际的发送速率与接收速率之间总是有一些微小的差别，如果不采取一定的措施，在连续传送大量的信息时，将会因积累误差造成错位，使接收方收到错误的信息。为了解决这一问题，需要使发送和接收同步。按同步方式的不同，串行通信可分为异步通信和同步通信。

异步通信允许传输线上的各个部件有各自的时钟,在各部件之间进行通信时没有统一的时间标准,相邻两个字符传送数据之间的停顿时间长短是不一样的,它是靠发送信息时同时发出字符的开始和结束标志信号来实现的,异步通信的信息格式如图 17-3 所示。异步通信发送的数据字符由 1 个起始位、7～8 个数据位、1 个奇偶校验位(可以没有)和停止位(1 位、1.5 位或 2 位)组成。异步通信传送附加的非有效信息较多,它的传输效率较低,一般用于低速通信,PLC 一般使用异步通信。

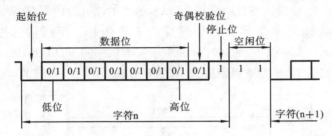

图 17-3　异步通信的信息格式

在同步通信中,发送方和接收方使用同一时钟脉冲,同步通信以字节为单位(1个字节由 8 位二进制数组成),每次传送 1～2 个同步字符、若干个数据字节和校验字符。其中,同步字符起联络作用,用它来通知接收方开始接收数据。由于同步通信方式不需要在每个数据字符中加起始位、停止位和奇偶校验位,故只需要在数据块(往往很长)之前加一两个同步字符,所以传输效率高,但是对硬件的要求较高,一般用于高速通信。

3) 通信介质

通信介质就是在通信系统中位于发送端与接收端之间的物理通路。目前,PLC普遍使用的通信介质有双绞线、同轴电缆、光纤等。

4) 通信接口标准

PLC 通信主要采用串行异步通信,其常用的串行通信接口标准有 RS-232C、RS-422 和 RS-485 等。

(1) RS-232C。

RS-232C 是美国电子工业协会 EIA 于 1969 年公布的通信协议,它的全称是"数据终端设备(DTE)和数据通信设备(DCE)之间串行二进制数据交换接口技术标准"。RS-232C 接口标准是目前计算机和 PLC 中最常用的一种串行通信接口。

RS-232C 的电气接口采用单端驱动、单端接收的电路,容易受到公共地线上的电位差和外部引入的干扰信号的影响,同时还存在以下不足。

① 传输速率较低,最高传输速率为 20 Kbit/s。

② 传输距离短,最大通信距离为 15 m。

③ 接口的信号电平值较高,易损坏接口电路的芯片,又因为与 TTL 电平不兼容,故需使用电平转换电路才能与 TTL 电路连接。

(2) RS-422。

针对 RS-232C 的不足,EIA 于 1977 年推出了串行通信标准 RS-499,对 RS-232C 的电气特性作了改进,RS-422A 是 RS-499 的子集。

由于 RS-422A 采用平衡驱动、差分接收电路,从根本上取消了信号地线,大大减少了地电平所带来的共模干扰。RS-422 在最大传输速率 10 Mbit/s 时,允许的最大通信距离为 12 m。传输速率为 100 Kbit/s 时,最大通信距离为 1200 m。一台驱动器可以连接 10 台接收器。

(3) RS-485。

RS-485 是 RS-422 的变形,RS-422A 是全双工,两对平衡差分信号线分别用于发送和接收,所以采用 RS-422 接口通信时最少需要 4 根线。RS-485 为半双工,只有一对平衡差分信号线,不能同时发送和接收,最少只需两根连线。

由于 RS-485 接口具有良好的抗噪声干扰性、高传输速率(10 Mbit/s)、长的传输距离(1200 m)和多站能力(最多 128 站)等优点,所以在工业控制中得到广泛应用。

5) 通信模块

PLC 的通信模块是用来完成与其他 PLC、其他智能控制设备或计算机之间的通信。以下简单介绍 FX 系列通信用功能扩展板、适配器及通信模块。

(1) 通信扩展板 FX₂ₙ-232-BD。

FX₂ₙ-232-BD 是以 RS-232C 传输标准连接 PLC 与其他设备的接口板,如个人计算机、条形码阅读器或打印机等,可安装在 FX₂ₙ 内部。其最大传输距离为 15 m,最高波特率为 19200 bit/s,利用专用软件可对 PLC 运行状态实现监控,也可方便地由个人计算机向 PLC 传送程序。

(2) 通信接口模块 FX₂ₙ-232-IF。

FX₂ₙ-232-IF 连接到 FX₂ₙ 系列 PLC 上,可与其他配有 RS-232C 接口的设备进行全双工串行通信,如个人计算机、打印机、条形码阅读器等。在 FX₂ₙ 系列上最多可连接 8 个 FX₂ₙ-232-IF 模块。用 FROM/TO 指令收发数据。最大传输距离为 15 m,最高波特率为 19200 bit/s,占用 8 个 I/O 点。数据长度、串行通信波特率等都可由特殊数据寄存器设置。

(3) 通信扩展板 FX₂ₙ-485-BD。

FX₂ₙ-485-BD 应用于 RS-485 通信。它可以应用于无协议的数据传送。当 FX₂ₙ-485-BD 为原协议通信方式时,可利用 RS 指令在个人计算机、条形码阅读器、打印机之间进行数据传送。最大传输距离为 50 m,最高波特率也为 19200 bit/s。每一台 FX$_{2N}$ 系列 PLC 可安装一块 FX$_{2N}$-485-BD 通信扩展板。除利用此通信板实现与计算机的通信外,还可以用它实现两台 FX$_{2N}$ 系列 PLC 之间的并联。

(4) 通信扩展板 FX$_{2N}$-422-BD。

FX$_{2N}$-422-BD 应用于 RS-422 通信,可连接 FX$_{2N}$ 系列的 PLC,并作为编程或控制工具的一个端口。可用此接口在 PLC 上连接 PLC 的外围设备、数据存储单元和人机界面。利用 FX$_{2N}$-422-BD 可连接两个数据存储单元(DU)或一个 DU 系列单元和一个编程工具,但一次只能连接一个编程工具。每一个基本单元只能连接一个 FX$_{2N}$-422-BD,且不能与 FX$_{2N}$-485-BD 或 FX$_{2N}$-232-BD 一起使用。

6) 数据通信类型

为了满足用户的不同需求,三菱 PLC 设计了多种通信功能,下面简单介绍 FX 系列 PLC 常用的 5 种类型的通信方式。

(1) N∶N 网络。

用 FX$_{2N}$、FX$_{2N}$C、FX$_{1N}$、FX$_{0N}$ 等 PLC 进行的数据传输可建立在 N∶N 的基础上。使用这种网络,能链接小规模系统中的数据。它适合于数量不超过 8 个的 PLC (FX$_{2N}$、FX$_{2N}$C、FX$_{1N}$、FX$_{0N}$)之间的互连。

(2) 并行链接。

这种网络采用 100 个辅助继电器和 10 个数据寄存器在 1∶1 的基础上来完成数据传输。

(3) 计算机链接(用专用协议进行数据传输)。

用 RS-485(422)单元进行的数据传输在 1∶n(16)的基础上完成。

(4) 无协议通信(用 RS 指令进行数据传输)。

用各种 RS-232 单元,包括个人计算机、条形码阅读器和打印机,来进行数据通信,可通过无协议通信完成,这种通信使用 RS 指令或者一个 FX$_{2N}$-232-IF 特殊功能模块。

(5) 可选编程端口。

对于 FX$_{2N}$、FX$_{2N}$C、FX$_{1N}$、FX$_{1S}$ 系列的 PLC,当该端口连接在 FX$_{1N}$-232-BD、FX$_{0N}$-232-ADP、FX$_{1N}$-232-BD、FX$_{2N}$-422-BD 上时,可以与外围设备(编程工具、数据访问单元、电气操作终端等)互连。

2. PLC 与 PLC 之间的通信

1) N∶N 链接通信

N∶N 链接通信协议可用于最多 8 台 FX 系列 PLC 的辅助继电器和数据寄存器之间的数据的自动交换,其中一台为主机,其余的为从机。N∶N 网络最简单实用,只需要在 PLC 上加装一块通信扩展板即可与其他 PLC 组网,其结构如图 17-4 所示,适用于 FX$_{1S}$、FX$_{0N}$、FX$_{1N}$、FX$_{2N}$、FX$_{3G}$、FX$_{3U}$、FX$_{1N}$ C、FX$_{2N}$ C、FX$_{3UC}$ 等多种系列 PLC,在工业现场得到广泛的应用。在这个网络中,通过刷新范围决定的软元件在各 PLC 之间执行数据通信,并且可以在所有的 PLC 中监控这些软元件。

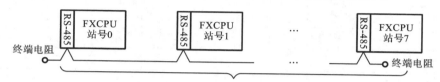

图 17-4　N∶N 网络结构图

N∶N 网络的通信协议是固定的:通信方式采用半双工通信,波特率(bit/s)固定为 38400 bit/s;数据长度、奇偶校验、停止位、标题字符、终结字符以及和校验等也均是固定的。

N∶N 网络是采用广播方式进行通信的:网络中每一站点都指定一个用特殊辅助继电器和特殊数据寄存器组成的链接存储区,各个站点链接存储区地址编号都是相同的。各站点向自己站点链接存储区中规定的数据发送区写入数据。网络上任何 1 台 PLC 中的发送区的状态都会反映到网络中的其他多台 PLC,因此,数据可供通过 PLC 链接起来的所有 PLC 共享,且所有单元的数据都能同时完成更新。N∶N 网络通信参数如表 17-1 所示。

表 17-1　N∶N 网络通信性能参数

项　目	规　格	备　注
连接台数	最多 8 台	
传送规格	符合 RS-485 规格	
最大总延长距离	最大距离 500 m(仅限于全部使用 FX$_{2N}$-485-ADP,当系统中混有 FX$_{2N}$-485-BD 时为 50 m)	根据通信设备的种类不同,距离也不同
协议形式	N∶N 网络	
控制顺序	—	
通信方式	半双工双向	
波特率	38400 bit/s	

续表

项 目		规 格	备 注
字符 格式	起始位	固定	
	数据位		
	奇偶校验		
	停止位		
	报头	固定	
	报尾		
	校验	固定	

2)安装和连接 N∶N 通信网络

本例使用 FX_{2N}-485-BD 通信扩展板组建网络,网络安装前应断开电源。各站 PLC 应插上 FX_{2N}-485-BD 通信板。它的 LED 显示/端子排列如图 17-5 所示。

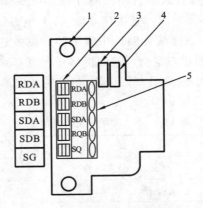

图 17-5 FX_{2N}-485-BD 板显示/端子排列

1—安装孔;2—可编程控制器连接器;3—SD LED(发送时高速闪亮);
4—RD LED(接收时高速闪亮);5—连接 RS-485 单元的端子

YL-335B 系统的 N∶N 链接网络,各站点间用屏蔽双绞线相连,如图 17-6 所示,接线时需注意要将终端站接上 110 Ω 的终端电阻(FX_{2N}-485-BD 板附件)。

进行网络连接时应注意如下三点。

(1)在图 17-6 中,R 为终端电阻。在端子 RDA 和 RDB 之间连接终端电阻(110 Ω)。

(2)将端子 SG 连接到可编程控制器主体的每个端子,而主体用 100 Ω 或更小的电阻接地。

(3)屏蔽双绞线的线径应在英制 AWG26~16 范围,否则可能由于端子接触不

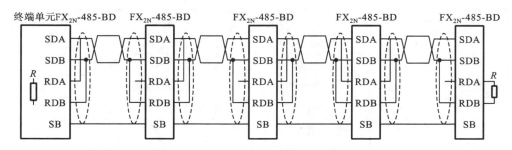

图 17-6   YL-335B 网络连接

良,不能确保正常通信。连线时宜用压接工具把电缆插入端子,如果连接不稳定,则通信会出现错误。

　　如果网络上各站点 PLC 已完成网络参数的设置,则在完成网络连接后,再接通各 PLC 工作电源,可以看出各站通信板上的 SD LED 和 RD LED 指示灯两者都出现点亮/熄灭交替的闪烁状态,说明 N∶N 网络已经组建成功。

　　如果 RD LED 指示灯处于点亮/熄灭的闪烁状态,而 SD LED 没有(根本不亮),这时需检查站点编号的设置、传输速率(波特率)和从站的总数目。

　　3) 组建 N∶N 通信网络

　　FX 系列 PLC N∶N 通信网络的组建主要是对各站点 PLC 用编程方式设置网络参数实现的。

　　FX 系列 PLC 规定了与 N∶N 网络相关的标志位(特殊辅助继电器)、存储网络参数和网络状态的特殊数据寄存器。当 PLC 为 FX$_{1N}$ 或 FX$_{2N}$C 时,N∶N 网络的相关标志(特殊辅助继电器)如表 17-2 所示,相关特殊数据寄存器如表 17-3 所示。

表 17-2   N∶N 网络的特殊辅助继电器

特性	辅助继电器	名　　称	描　　述	响应类型
R	M8038	N∶N 网络参数设置	用来设置 N∶N 网络参数	M,L
R	M8183	主站点的通信错误	主站点产生通信错误时 ON	L
R	M8184～M8190	从站点的通信错误	从站点产生通信错误时 ON	M,L
R	M8191	数据通信	与其他站点通信时 ON	M,L

　　注:R—只读;M—主站点;L—从站点。在 CPU 出错、程序出错或停止状态下,对每一站点处产生的通信错误数目不能计数。M8184～M8190 是从站点的通信错误标志,第 1 从站用 M8184……第 7 从站用 M8190。

表 17-3　N∶N 网络的特殊数据寄存器

特性	数据寄存器	名　　称	描　　述	响应类型
R	D8173	站点号存	存储自己的站点号	M,L
R	D8174	从站点总数	存储从站点的总数	M,L
R	D8175	刷新范围	存储刷新范围	M,L
W	D8176	站点号设置	设置自己的站点号	M,L
W	D8177	从站点总数设置	设置从站点总数	M
W	D8178	刷新范围设置	设置刷新范围模式号	M
W/R	D8179	重试次数设置	设置重试次数	M
W/R	D8180	通信超时设置	设置通信超时	M
R	D8201	当前网络扫描时间	存储当前网络扫描时间	M,L
R	D8202	最大网络扫描时间	存储最大网络扫描时间	M,L
R	D8203	主站点通信错误数目	存储主站点通信错误数目	L
R	D8204～D8210	从站点通信错误数目	存储从站点通信错误数目	M,L
R	D8211	主站点通信错误代码	存储主站点通信错误代码	L
R	D8212～D8218	从站点通信错误代码	存储从站点通信错误代码	M,L

注：R—只读；W—只写；M—主站点；L—从站点。在 CPU 出错、程序出错或停止状态下，对其自身站点处产生的通信错误数目不能计数。D8204～D8210 是从站点的通信错误数目，第 1 从站用 D8204……第 7 从站用 D8210。

在表 17-2 中，特殊辅助继电器 M8038（N∶N 网络参数设置继电器，只读）用来设置 N∶N 网络参数。

对于主站点，用编程方法设置网络参数，就是在程序开始的第 0 步（LD M8038）向特殊数据寄存器 D8176～D8180 写入相应的参数，仅此而已。对于从站点，则更为简单，只需在第 0 步（LD M8038）向 D8176 写入站点号即可。

例如，图 17-7 给出了设置（主站）网络参数的程序，从站程序请读者自行编写。

上述程序说明如下。

（1）编程时注意，必须确保把以上程序作为 N∶N 网络参数设定程序从第 0 步开始写入，在不属于上述程序的任何指令或设备执行时结束。这段程序不需要执行，只需把其编入此位置时，它自动变为有效。

（2）特殊数据寄存器 D8178 用于设置刷新范围，刷新范围指的是各站点的链接存储区。对于从站点，此设定不需要。根据网络中信息交换的数据量不同，可根据表 17-4 中各种模式下各站点占用的链接软元件进行编程。根据所使用的从站数量，

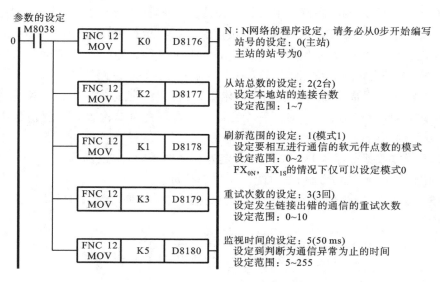

图 17-7 主站点网络参数设置程序

占用的链接点数也有所变化。例如,模式 1 中连接 3 台从站时,占用 M1000～
M1223,D0～D33,此后可以作为普通的控制用软元件使用(没有连接的从站的链接
软元件可以作为普通的控制用软元件使用,但是如果预计今后会增加从站的情况,
建议事先空出)。

表 17-4 不同刷新模式下各站占用的链接软元件

站 号		模式 0		模式 1		模式 2	
		位软元件(M)	字软元件(D)	位软元件(M)	字软元件(D)	位软元件(M)	字软元件(D)
		0 点	各站 4 点	各站 32 点	各站 4 点	各站 64 点	各站 8 点
主站	站号 0	—	D0～D3	M1000～M1031	D0～D3	M1000～M1063	D0～D7
从站	站号 1	—	D10～D13	M1064～M1095	D10～D13	M1064～M1127	D10～D17
	站号 2	—	D20～D23	M1128～M1159	D20～D23	M1128～M1191	D20～D27
	站号 3	—	D30～D33	M1192～M1223	D30～D33	M1192～M1255	D30～D37
	站号 4	—	D40～D43	M1256～M1287	D40～D43	M1256～M1319	D40～D47
	站号 5	—	D50～D53	M1320～M1351	D50～D53	M1320～M1383	D50～D57
	站号 6	—	D60～D63	M1384～M1415	D60～D63	M1384～M1447	D60～D67
	站号 7	—	D70～D73	M1448～M1479	D70～D73	M1448～M1511	D70～D77

在图 17-4 所示的程序例子中,刷新范围设定为模式 1。这时每一站点占用 32×8 个位软元件,4×8 个字软元件作为链接存储区。在运行中,对于第 0 号站(主站),希望发送到网络的开关量数据写入位软元件 M1000~M1031 中,而希望发送到网络的数字量数据写入字软元件 D0~D3 中……对其他各站点以此类推。

(3)特殊数据寄存器 D8179 用于设定重试次数,设定范围为 0~10(默认为 3),对于从站点,此设定不需要。如果一个主站点试图以此重试次数(或更高)与从站通信,将发生通信错误。

(4)特殊数据寄存器 D8180 用于设定通信超时值,设定范围为 5~255(默认为 5),此值乘以 10 ms 就是通信超时的持续驻留时间。

(5)对于从站点,网络参数设置只需设定站点号即可,例如,1 号站的设置如图 17-8 所示。

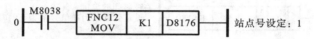

图 17-8 从站点网络参数设置程序

如果按上述对主站和各从站编程,完成网络连接后,再接通各 PLC 工作电源,即使在 STOP 状态下,通信也将进行。

四、任务实施

1. 完成 N∶N 网络接线

YL-335B N∶N 网络连接如图 17-9 所示,按照图示结构完成网络接线,并根据前面所学知识检查通信是否正常。

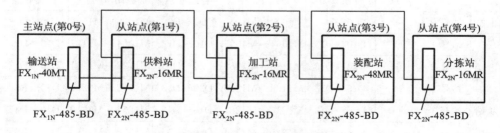

图 17-9 YL-335B N∶N 网络接线

2. 编写各站程序

连接好通信口,编写主站程序和从站程序,在编程软件中进行监控,改变相关输入点和数据寄存器的状态,观察不同站的相关量的变化,看现象是否符合任务要求,如果符合则说明已完成任务,不符合则要检查硬件和软件是否正确,修改完成后应重新调试,直到满足要求为止。

图 17-10 和图 17-11 分别给出输送站和供料站的参考程序。程序中使用了站点通信错误标志位(特殊辅助继电器 M8183~M8187,见表 17-2)。例如,当某从站发生通信故障时,不允许主站从该从站的网络元件读取数据。使用站点通信错误标志位编程,对于确保通信数据的可靠性是有益的,但应注意站点不能识别自身的错误,为每一站点编写错误标志位程序是不必要的。

其余各工作站的程序,请读者自行编写。

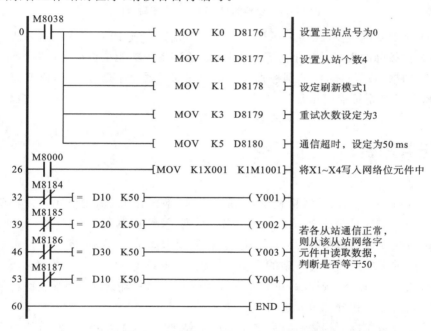

图 17-10　输送站(0 号站)网络读/写程序

3. 系统调试

(1) 在断电状态下,连接好 PC/PPI 电缆。

(2) 将 PLC 运行模式选择开关拨到 STOP 位置,此时 PLC 处于停止状态,可以进行程序编写。

(3) 在作为编程器的计算机上,运行 GX Developer 编程软件。

(4) 将主站和从站梯形图程序输入计算机中。

(5) 将程序文件下载到 PLC 中。

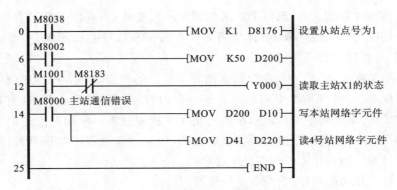

图 17-11 供料站(1 号站)网络读写程序

（6）将 PLC 运行模式的选择开关拨到 RUN 位置，使 PLC 进入运行方式。

（7）在教师的现场监护下进行通电调试，验证系统功能是否符合控制要求。

（8）如果出现故障，应分别检查硬件接线和梯形图程序是否有误，修改完成后应重新调试，直至系统能够正常工作。

五、任务拓展

某自动化生产线由井式供料单元、加工单元、装配单元、输送单元和分料单元等5 个工作站组成，每个工作站由一个 FX$_{2N}$ 系列 PLC 控制，PLC 与 PLC 之间通过 N：N网络实现通信，交换各站控制信息。控制要求如下：

（1）通过主站控制所有 5 站的启动与停止。

（2）按下主站启动按钮后，供料单元开始供料，主站（输送单元）抓取物料依次送往加工站、装配站和分拣单元进行对应处理。

（3）各分站在检测到物料以后自动完成单站处理工艺后给主站发出处理完成信号，主站收到信号后抓取物料送往下一加工单元。

（4）完成 3 组物料加工以后生产线自动停止。

（5）运行过程中出现缺料情况时通过警示灯提醒操作人员处理。

要求：配置 N：N 网络，通过编程实现生产线联动控制。

提示：输送单元、井式供料单元、加工单元、装配单元和分料单元等站点依次分配为 0 号站、1 号站、2 号站、3 号站、4 号站。网络模式选模式一，通过计数器控制完成 3 组物料加工后自动停止生产线。

六、巩固与提高

（1）什么是串行通信？什么是并行通信？各有什么特点？PLC 主要采用哪种通信方式？

（2）N∶N 链接通信的特点是什么？怎样实现？

（3）某 N∶N 链接通信的系统有 3 个站点，其中 1 个主站点、2 个从站点，每个站点的 PLC 都连接一个 FX$_{2N}$-485-BD 通信扩展板，通信扩展板之间用单根双绞线连接。刷新范围选择模式 1，重试次数选择 3，通信超时选 50 ms，系统要求：

① 主站点的输入点 X000～X003 输出到从站点 1 和 2 的输出点 Y010～Y013；

② 从站点 1 的输入点 X000～X003 输出到主站点和从站点 2 的输出点 Y014～Y017；

③ 从站点 2 的输入点 X000～X003 输出到主站点和从站点 1 的输出点 Y020～Y023。

项目十五 恒温控制系统设计与调试

一、学习目标

知识目标

（1）掌握三菱 FX_{2N} 系列 PLC 特殊功能模块 FX_{2N}-4AD 和 FX_{2N}-4DA 的功能与应用。

（2）了解 PLC 对模拟量进行控制的方法。

能力目标

（1）能够对 FX_{2N}-4AD 模块和 FX_{2N}-4DA 模块进行线路连接。

（2）能够应用 FX_{2N}-4AD 模块和 FX_{2N}-4DA 模块设计简单应用系统并进行编程。

（3）能完成恒温控制系统的接线、编程、调试等操作。

二、项目介绍

温度控制是工业生产过程中经常遇到的控制问题，特别是在冶金、化工、建材、食品、机械、石油等工业领域中温度控制的效果直接影响着产品的质量。不同场所、不同工艺，所需的温度范围不同、精度不同，所采用的测温元件、测温方法以及对温度的控制方法或控制算法也不同。本项目主要实现对电加热炉炉温的实时控制（通过控制加热器的电源通断来实现），并将调温、低温或高温信号用指示灯显示。

具体控制要求如下。

（1）要求系统设有手动加热和自动加热两种操作方式。

（2）要求温度控制在 50～60 ℃ 之间。当温度低于 50 ℃ 或高于 60 ℃ 时，系统应能自动进行调节。

（3）系统由两组加热器进行加热，每组加热器功率为 10 kW，系统在正常情况下 3 min（假设）能将温度提高到 60℃ 以上。

（4）当温度在要求的范围内时绿灯亮；当温度不在要求的范围内但系统已自动调节时绿灯闪烁；调节 3 min 后若仍不能恢复到要求的温度范围内，控制系统则自动切断加热器并进行声光报警，以提示操作人员及时排查故障。故障报警时，温度低于 50 ℃时黄灯亮，温度高于 60 ℃时红灯亮。

三、相关知识

1. 模拟量输入/输出模块

在工业生产过程中，除了有大量的通/断（开/关）信号以外，还有大量的连续变化的信号，如温度、压力、流量、湿度等。通常先用各种传感器将这些连续变化的物理量变换成电压或电流信号（一般来说，PLC 模拟量输入的电压范围为 1～5 V 或 −10～10 V，电流范围为 4～20 mA 或 −20～20 mA），然后再将这些信号输送到适当的模拟量输入模块的接线端上，经过 A/D 功能模块内的 A/D 转换器，最后将数据传入 PLC 内。有时候，现场设备需要用模拟电压或电流作为给定信号或驱动信号。PLC 模拟量输出模块（D/A 功能模块）的输出端就能根据需要提供这种电压信号或电流信号。

三菱 FX$_{2N}$ 系列 PLC 常用的模拟量输入模块有 FX$_{2N}$-2AD、FX$_{2N}$-4AD、FX$_{2N}$-8AD、FX$_{2N}$-4AD-PT（FX 系列 PLC 与铂热电阻 Pt100 配合使用的模拟量输入模块）、FX$_{2N}$-4AD-TC（FX 系列 PLC 与热电偶配合使用的模拟量输入模块），模拟量输出模块有 FX$_{2N}$-2DA、FX$_{2N}$-4DA，FX$_{2N}$-3A（模拟量输入/输出模块）和温度控制模块 FX$_{2N}$-2LC 等。

2. 模拟量输入模块 FX$_{2N}$-4AD

FX$_{2N}$-4AD 模拟量输入模块是 4 通道（CH）12 位 A/D 转换模块，它可以将模拟量电压或电流转换为最大分辨率为 12 位的数字量，通过输入端子变换，可以任意选择电压或电流输入状态。选用电压输入时，输入信号范围为 −10～10 V，输入阻抗为 200 kΩ，分辨率为 5 mV；选用电流输入时，输入信号范围为 −20～20 mA，输入阻抗为 250 Ω，分辨率为 20 μA。

1）FX$_{2N}$-4AD 模块的外部接线

FX$_{2N}$-4AD 通过扩展总线与 FX$_{2N}$ 系列 PLC 基本单元相连接。4 个通道的外部连接根据用户要求的不同，选用模拟值范围为 −10～10 V（分辨率为 5 mV），或者 4～20 mA，−20～20 mA（分辨率为 20 μA），其接线方式如图 18-1 所示。

几点说明：

（1）模拟量信号通过双绞线屏蔽电缆与模块相接，电缆应远离电力线和其他可

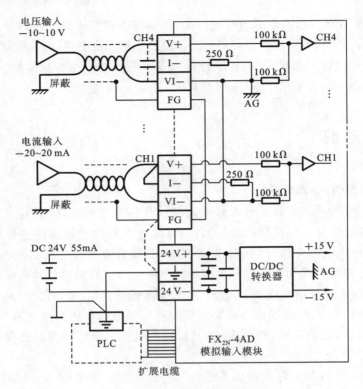

图 18-1　FX$_{2N}$-4AD 外部接线图

能产生电磁感应噪声的导线;

(2) 如果使用电流输入时,则须将"V+"和"I+"相短接;

(3) 如果输入电压有波动,或在外部接线中有电气干扰,可以接一个电容器 (0.1~0.47 μF/25 V)。

2) FX$_{2N}$-4AD 模块的缓冲寄存器(BFM)

FX$_{2N}$-4AD 的内部共有 32 个缓冲寄存器,用来与 FX$_{2N}$ 基本单元进行数据交换,每个缓冲寄存器为 16 位的 RAM。其定义及分配如表 18-1 所示。

表 18-1　FX$_{2N}$-4AD 模块缓冲寄存器的定义及分配表

BFM 编号	内　　容	
♯0(＊)	通道初始化,默认值＝H0000	
♯1(＊)	通道 1	包含采样数(1~4096),用于得出平均结果。默认值为 8(正常速度),高速操作可选择 1
♯2(＊)	通道 2	
♯3(＊)	通道 3	
♯4(＊)	通道 4	

续表

BFM 编号	内　　容							
♯5	通道1	分别用于存放通道 CH1～CH4 的平均输入采样值						
♯6	通道2							
♯7	通道3							
♯8	通道4							
♯9	通道1	用于存放每个输入通道读入的当前值						
♯10	通道2							
♯11	通道3							
♯12	通道4							
♯13～♯14	保留							
♯15(＊)	A/D 转换速度设置	设为 0 时:正常速度,15 ms/通道(默认值)						
		设为 1 时:高速度,6 ms/通道						
♯16～♯19	保留							
♯20(＊)	复位到默认值和预设值:默认值为 0;设为 1 时,所有设置将复位默认值							
♯21(＊)	偏移/增益值为(1,0)时,禁止调整;默认值为(0,1)时,允许调整							
♯22(＊)	指定通道的偏置、增益调整	G4	O4	G3	O3	G2	O2	G1	O1
♯23(＊)	偏置值设置,默认值为 0000,单位为 mV 或 μA							
♯24(＊)	增益值设置,默认值为 5000,单位为 mV 或 μA							
♯25～♯28	保留							
♯29	错误信息,表示本模块的出错类型							
♯30	识别码固定为 K2010,可用 FROM 指令读出识别码来确认此模块							
♯31	禁用							

（1）通道选择。

在 BFM 的♯0 中写入 4 位十六进制数 H××××,4 位数字从右至左分别控制 1、2、3、4 四个通道,每位数字取值范围为 0～3,其含义如下:

0 表示输入范围为 −10～10 V;

1 表示输入范围为 4～20 mA;

2 表示输入范围为 −20～20 mA;

3 表示该通道关闭。

例如,BFM♯0＝H3312,则表示 CH1 通道设定输入电流范围为 −20～20 mA,

CH2 通道设定输入电流范围为 4～20 mA,CH3 和 CH4 两通道关闭。

（2）模拟量转换到数字量的速度设置。

可在 FX$_{2N}$-4AD 的 BFM♯15 中写入 0 或 1 来控制 A/D 转换的速度。应当注意,若要求高速转换,则应尽量少用 FROM 和 TO 指令。

（3）偏移量和增益值的设置。

如图 18-2 和图 18-3 所示,偏移量(截距)是指数字量输出为 0 时的模拟量输入值,增益值(斜率)是指数字量输出为 1000 时的模拟量输入值。增益值和偏移量可以分别设置或一起设置,合理的偏移量是－5～5 V 或－20～20 mA,合理的增益值是1～5 V 或 4～32 mA。

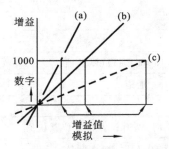
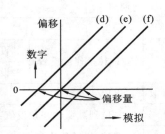

图 18-2　FX$_{2N}$-4AD 增益设置示意图　　图 18-3　FX$_{2N}$-4AD 偏移量设置示意图

当 BFM♯20 被设置为 1 时,FX$_{2N}$-4AD 的全部设定值均恢复到默认值,这样可以快速删去不希望的偏移量和增益值。

设置每个通道偏移量和增益值时,BFM♯21 的(b_i,b_{i-1})必须设置为(0,1),若(b_i,b_{i-1})设为(1,0),则偏移量和增益值被保护。默认值为(0,1)。

以 BFM♯23 和 BFM♯24 为偏移量与增益值设定缓冲寄存器,偏移量和增益值的单位是 mV 或 μA,最小单位是 5 mV 或 20 μA。其值由 BFM♯22 的 G_i-O_i(增益量-偏移值)位状态送到指定的输入通道偏移和增益寄存器中。例如,BFM♯22 的 G_1、O_1 位置为 1,则 BFM♯23 和 BFM♯24 的设定值送入 CH1 的偏移寄存器和增益寄存器中。

3）模块的连接与编号

为了使 PLC 能够准确地查找到指定的功能模块,每个特殊功能模块都有一个确定的地址编号,编号的方法是从最靠近 PLC 基本单元的那一个功能模块开始顺次编号,最多可连接 8 个功能模块,其编号依次为 0～7,如图 18-4 所示(注意:PLC 的扩展单元不记录在内)。

4）模拟量输入模块的读/写方法

FX 系列 PLC 基本单元与特殊功能模块之间的数据通信是由 FROM 和 TO 指

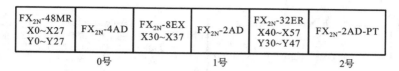

图 18-4　特殊功能模块的连接

令来执行的。

FROM 是基本单元从特殊功能模块中读取数据的指令,T0 是基本单元将数据写入到特殊功能模块的指令。实际上,读/写操作都是对特殊功能模块的缓冲存储器 BFM 进行的。读/写指令的格式如图 18-5 所示。

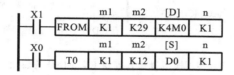

图 18-5　读/写指令的指令格式

当图中 X1 为 ON 时,编号为 m1(0~7)的特殊功能模块中编号为 m2(0~31)开始的 n 个缓冲寄存器(BFM)的数据将读入到 PLC,并存入从[D]开始的 n 个数据寄存器中;当图中 X0 为 ON 时,PLC 基本单元中从[S]指令的元件开始的 n 个数据将写到编号为 m1 的特殊功能模块中编号为 m2 开始的 n 个数据寄存器中。

5) 应用实例

FX_{2N}-4AD 模块连接在特殊功能模块的 0 号位置,仅开通 CH1 和 CH2 两个通道作为电压量的输入通道。计算平均值的取样次数定为 4 次,并且 PLC 中的数据寄存器 D0 和 D1 分别接收这两个通道输入量平均值的数字量,编写梯形图程序。

编写的梯形图程序如图 18-6 所示。

3. 模拟量输出模块 FX_{2N}-4DA

FX_{2N}-4DA 模拟量输出模块是 4 通道(CH)12 位 D/A 转换模块,可以将 12 位数字信号转换为模拟量电压或电流输出。电压输出时,输出电压范围为 -10~10 V;电流输出时,输出电流为直流 0~20 mA 和直流 4~20 mA。

1) FX_{2N}-4DA 模块的外部接线

FX_{2N}-4DA 模块的外部接线如图 18-7 所示。

几点说明:

(1) 双绞线屏蔽电缆,应该远离干扰源;

(2) 输出电缆的负载端使用单点接地;

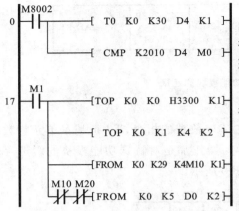

M8002 0 ——| |——[T0 K0 K30 D4 K1] ————————[CMP K2010 D4 M0]	在"0"位置的特殊功能模块的ID号由BFM#30中读出,并保存在主单元的D4中。比较该值以检查模块是否是FX₂ₙ-4AD,如是则M1为ON。这两个程序步对完成模拟量的读入来说不是必需的,但它们确实是有用的检查,因此推荐使用。
M1 17 ——| |——[TOP K0 K0 H3300 K1]	将H3300写入FX₂ₙ-4AD的BFM#0,建立模拟量输入通道(CH1,CH2)。
————————[TOP K0 K1 K4 K2]	分别将4写入BFM#1和#2,将CH1和CH2的平均采样数设为4。
————————[FROM K0 K29 K4M10 K1]	FX₂ₙ-4AD的操作状态由BFM#29中读出,并作为FX₂ₙ主单元的位设备输出。
M10 M20 ——|/|——|/|——[FROM K0 K5 D0 K2]	如果操作没有错误,则读取BFM的平均数。此例中,BFM#5和#6被读入FX₂ₙ主单元,并保存在D0和D1中,这些元件中分别包含了CH1和CH2的平均数。

图 18-6　模拟量输入模块 FX₂ₙ-4AD 的应用

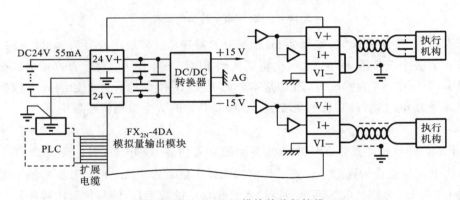

图 18-7　FX₂ₙ-4DA 模块的外部接线

（3）若有噪音或干扰,可以接一个电容器(0.1～0.47 μF/25 V)；

（4）FX₂ₙ-4DA 模块与 PLC 基本单元的接地端应接在一起；

（5）电压输出端或电流输出端不要短接；

（6）不使用的端子,不要在其上接任何单元。

2）FX₂ₙ-4DA 模块的缓冲寄存器（BFM）

FX₂ₙ-4DA 的内部有 32 个缓冲寄存器,用来与 FX₂ₙ基本单元进行数据交换,每个缓冲寄存器为 16 位的 RAM。FX₂ₙ-4DA 的 32 个缓冲寄存器的定义及分配如表 18-2 所示。表中带"W"号的缓冲寄存器可用 TO 指令写入 PLC 中,标有"E"号的缓冲寄存器可以写入 EEPROM 中,当电源关闭后可以保持数据缓冲寄存器中的数据。

表 18-2　FX_{2N}-4DA 模块缓冲存储器的定义及分配表

BFM		内　容	
W	#0(E)	输出模式选择,出厂设置为 H0000	
W	#1	输出通道 CH1～CH4 的数据	
W	#2	输出通道 CH1～CH4 的数据	
W	#3	输出通道 CH1～CH4 的数据	
W	#4	输出通道 CH1～CH4 的数据	
W	#5(E)	数据保持模式,出厂设置为 H0000	
#6、#7		保留	
W	#8(E)	CH1、CH2 的偏移/增益设定命令,初始数为 H0000	
W	#9(E)	CH3、CH4 的偏移/增益设定命令,初始数为 H0000	
W	#10	偏移数据 CH1	单位:mV 或 μA 初始偏移值:0;输出 初始增益值:5000;模式为 0
W	#11	增益数据 CH1	
W	#12	偏移数据 CH2	
W	#13	增益数据 CH2	
W	#14	偏移数据 CH3	
W	#15	增益数据 CH3	
W	#16	偏移数据 CH4	
W	#17	增益数据 CH4	
#18、#19		保留	
W	#20(E)	初始化,初始值为 0	
W	#21(E)	禁止调整 I/O 特性(初始值为 1)	
#22～#28		保留	
#29		错误状态	
#30		K3020 识别码	
#31		保留	

(1) 输出模式选择。

BFM#0 为输出模式选择缓冲寄存器,在 BFM#0 中写入 4 位十六进制数 H××××,4 位数字从右至左分别控制 1、2、3、4 四个通道,每位数字取值范围为 0～2,其含义如下:

0 表示设置电压输出模式(−10～10 V);

1 表示设置电流输出模式(4～20 mA);

2 表示设置电流输出模式(0～20 mA)。

例如,BFM♯0＝H1102,则表示 CH1 设定为电流输出模式,电流范围为 0～20 mA;CH2 设定为电压输出模式,电压范围为－10～10 V;CH3、CH4 设定为电流输出模式,电流范围为 4～20 mA。

(2) 输出数据通道。

BFM♯1～BFM♯4 分别为输出数据通道 CH1～CH4 所对应的数据缓冲寄存器,其初始值均为零。

(3) BFM♯5 为数据输出模式缓冲寄存器,当 PLC 处于停止(STOP)模式时,RUN 模式下的最后输出值将被保持。当 BFM♯5＝H0000 时,CH1～CH4 各通道输出值保持,若要复位某一通道使其成为偏移量,则应将 BFM♯5 中的对应位置"1"。例如,BFM♯5＝H0011,则说明通道 CH3、CH4 保持,CH1、CH2 为偏移值。

(4) BFM♯8、BFM♯9 为偏移量和增益值设置允许缓冲寄存器,在 BFM♯8 或 BFM♯9 相应的十六进制数据位中写入"1",就可以允许设置 CH1～CH4 的偏移量与增益值。

BFM♯8(CH2、CH1)   BFM♯9(CH4、CH3)

H ×   ×   ×   ×   H ×   ×   ×   ×

   G2   O2   G1   O1   G4   O4   G3   O3

×＝0 表示不允许设置,×＝1 表示允许设置。

(5) BFM♯10～BFM♯17 为偏移量/增益值设定缓冲寄存器,设定值可用 TO 指令来写入,写入数值的单位是 mV 或 μA。

(6) BFM♯20 为初始化设定缓冲寄存器,当 BFM♯20 被设置为 1 时,FX_{2N}-4DA 恢复到出厂设定状态。

(7) BFM♯21 为 I/O 特性调整抑制缓冲寄存器,若 BFM♯21 被设置为 2,则用户调整 I/O 特性将被禁止;若 BFM♯21 被设置为 0,I/O 特性调整将保持;默认值为 1,即 I/O 特性允许调整。

3) 应用实例

设 FX_{2N}-4DA 模块连接在特殊功能模块的 1 号位置,现将 CH1 和 CH2 两个通道用做电压输出通道,CH3 用做电流输出通道(4～20 mA),CH4 也用做电流输出通道(0～20 mA)。当 CPU 处于 STOP 状态,输出保持。另外,还使用了状态消息。试编写梯形图程序。

编写的梯形图程序如图 18-8 所示。

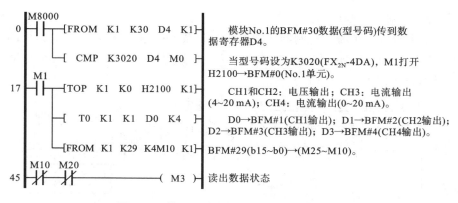

图 18-8　模拟量输出模块 FX$_{2N}$-4DA 的应用

四、任务实施

1. 输入/输出分配表

根据控制系统的要求,可确定 PLC 需要 8 个输入点、10 个输出点,其输入/输出分配如表 18-3 所示。

表 18-3　恒温控制系统输入/输出分配表

输　　入		输　　出	
X000	手动方式	Y000	继电器 KA1(加热器 1)
X001	自动方式	Y001	继电器 KA2(加热器 2)
X002	自动启动按钮	Y002	继电器 KA3(电铃)
X003	启动按钮 1	Y010	加热器 1 工作指示
X004	停止按钮 1	Y011	加热器 2 工作指示
X005	启动按钮 2	Y012	常温指示(绿)
X006	停止按钮 2	Y013	低温指示(黄灯闪烁)
X007	急停按钮	Y014	高温指示(红灯闪烁)
		Y015	手动方式指示
		Y016	自动方式指示

2. 输入/输出接线图

用三菱 FX$_{2N}$ 型可编程控制器实现恒温控制系统的输入/输出接线,如图 18-9 所示,将 FX$_{2N}$-4AD-PT 型模拟量输入模块(模块识别号为 K2040)作为系统温度检测模块,并通过扩展电缆与 PLC 相连。

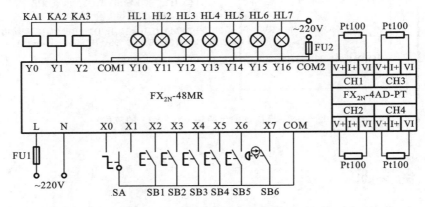

图 18-9 恒温控制系统的输入/输出接线图

3. 编写梯形图程序

根据恒温控制系统的控制要求编写的参考梯形图程序,如图 18-10 所示。

程序解释如下。

PLC 开始运行时,通过特殊辅助继电器 M8002 产生的初始化脉冲进行初始化,包括将系统设置温度送入有关数据寄存器、作为调温计使用的两个计数器复位。

转动选择开关,选择系统操作方式。手动方式时按启动按钮 X003 或 X005 进行加热,温度不受系统控制,停止加热由停止按钮 X004 或 X006 控制;自动方式时按下自动启动按钮 X002,系统自动启动加热器 1 和 2 进行加热,温度受系统要求控制和调节。

温度采样时间到达时,系统将待测的 4 点温度值读入 PLC,然后按算术平均的方法求出 4 点温度的平均值。

将平均值与温度的上、下限进行比较。若平均温度在系统要求范围内,则绿灯亮;若平均温度在要求范围之外,则系统进行调节,并对调节时间进行计时。若调节时间超过 3 min 时,则进行声光报警(超温红灯亮,低温黄灯亮,且电铃一直响);若调节时间小于 3 min,相应定时用的计数器复位。

程序中前 44 条指令用于识别 A/D 转换模块,FX$_{2N}$-4AD-PT 的识别号为 K2040,如果识别正确,则 M1 接通。本指令段还定义使用此模块的 4 个通道,并且每个通道均采用电压输出(0~10 V),4 个通道计算平均值的采样数为 4。将 BFM♯

29 中的状态信息分别写到 M10～M25 中,若无出错并且已准备好接收数据,则将 BFM♯5～BFM♯8 中的内容传送到 PLC 的 D1～D4 中(在第 109 条 FROM 指令中实现)。

程序第 49～90 条指令主要设置加热器的功能。在自动状态下把加热器 1 和加热器 2 同时加热 3 min,T0 设置为 3 min,然后将加热器 2 断开。需要说明的是,加热器 2 受温度控制,温度低于 50 ℃时自行启动,高于 60 ℃时自行停止。

程序第 91～126 条指令主要实现 1 s 的温度采集功能,然后求其平均值并存入 D5 中,此平均值再与 50～60 ℃温度段进行比较,并让相应中间继电器 M120～M122 接通。

程序第 137～169 条指令主要实现实时监控。当平均温度在温度范围内时绿灯亮;调温时绿灯闪烁;若超过 3 min 调温时间,温度仍低于 50 ℃时黄灯闪烁,或温度仍高于 60 ℃时红灯闪烁,同时接通电铃进行报警。

4. 系统调试

(1) 在断电状态下,连接好 PC/PPI 电缆。

(2) 将 PLC 运行模式选择开关拨到 STOP 位置,此时 PLC 处于停止状态,可以进行程序编写。

(3) 在作为编程器的计算机上,运行 GX Developer 编程软件。

(4) 将图 18-10 所示的梯形图程序输入到计算机中。

(5) 将程序文件下载到 PLC 中。

(6) 将 PLC 运行模式的选择开关拨到 RUN 位置,使 PLC 进入运行方式。

(7) 在教师的现场监护下进行通电调试,验证系统功能是否符合控制要求。

(8) 将转换开关拨向手动操作方式,按下加热器 1 启动按钮,检查加热器 1 是否正常工作;按下加热器 2 启动按钮,检查加热器 2 是否正常工作。手动运行正常后再将转换开关拨向自动操作方式,按下自动启动按钮,检查输出是否正常,3 min 后再检查输出是否正常。可人为使温度处于不正常状态,检查系统是否能进行实时温度调节,检查输出指示灯的状态是否按要求工作。如果一切满足控制系统要求,则调试成功,否则继续调试直到满足要求为止。

(9) 在调试过程中,如果出现故障,应分别检查硬件接线和梯形图程序是否有误,修改完成后应重新调试,直至系统能够正常工作。

(10) 记录程序调试的结果。

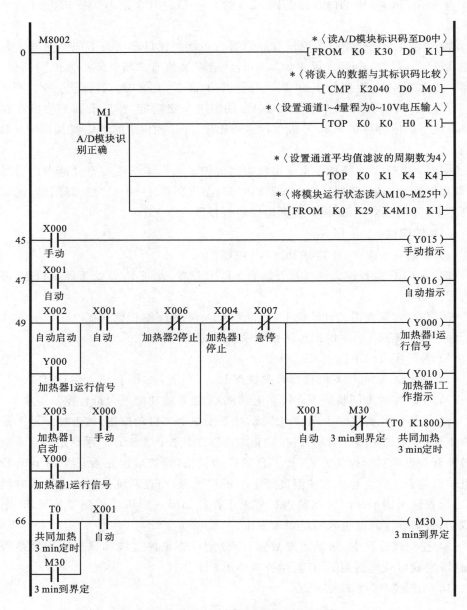

图 18-10　恒温控制系统梯形图程序

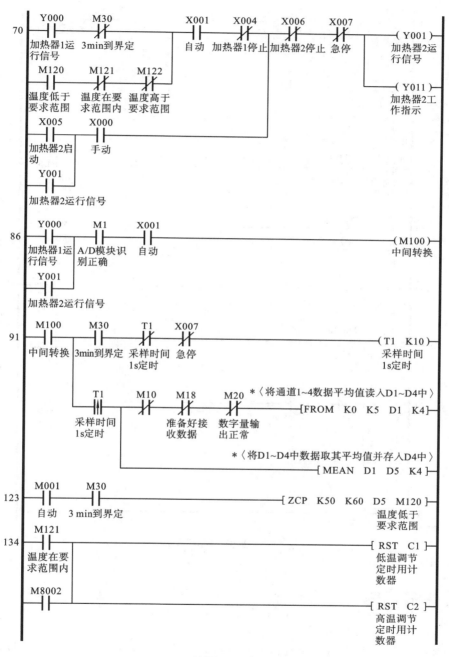

续图 18-10

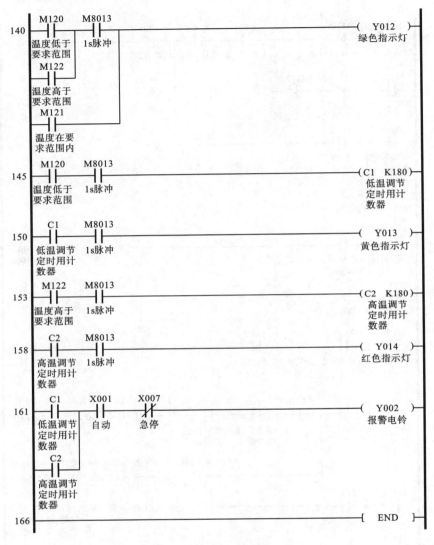

续图 18-10

五、任务拓展

　　某苗圃有 A、B、C 等 3 个种植不同植物的区域。在常规情况下要求采用不同的灌溉方式进行浇灌,同时还可以自动根据天气情况改变灌溉方式。考虑到系统的可靠性和经济性,要求系统有手动控制和自动控制两种功能。根据不同植物生长的特点和要求,要求灌溉系统具有以下控制功能。

(1) A 区要求采用喷雾方法灌溉,每喷 2 分钟,停止 5 分钟,工作时间为每天 7 点开始,17 点停止。

(2) B 区采用旋转式喷头进行喷灌,分为两组同时工作,每喷灌 5 分钟,停止 20 分钟,每天 9 点开始,14 点结束。

(3) C 区采用旋转式喷头进行喷灌,分为两组采用交替灌溉方式,即每隔 2 天灌溉 1 天。

(4) 如果遇到阴雨天,则自动全天停止对沙床苗圃和盆栽花卉的灌溉(A 区)。

(5) 具有温度、湿度的检测功能,即温度、湿度达到某一控制点时,报警并停止运行。

(6) 具有报警指示和报警灯测试以及蜂鸣器消音功能。

(7) 系统在自动(手动)工作方式下,能自动(手动)控制供水泵的运行、停止,以及各电磁阀的开、关。

(8) 自动、手动工作开关设置有相应的指示灯。

编制其 PLC 程序,安装接线并调试运行。

六、巩固与提高

图 18-11 所示为电热水炉控制示意图,要求当水位低于低位液位开关时打开进水电磁阀加水,当水位高于高位液位开关时关闭进水电磁阀停止加水。加热时,当水位高于低水位时,打开电源控制开关开始加热,当水烧开时(95～100 ℃),停止加热并保温(保温温度设在 80℃以上)。试用 PLC 完成此温度控制系统的设计。

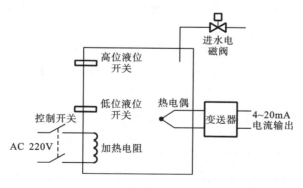

图 18-11 电热水炉控制示意图

项目十六　自动物料搬运分拣系统的安装与调试

一、学习目标

知识目标

(1) 掌握 PLC 控制系统的硬件和软件设计方法。

(2) 掌握传感器、触摸屏、气动元件等元器件的相关知识。

(3) 会利用 PLC 技术进行综合控制系统的设计。

能力目标

(1) 能正确使用和操作触摸屏、变频器、气动元件等相关电器。

(2) 具有利用 PLC 技术进行综合控制系统设计的能力。

二、项目介绍

1. 项目描述

自动物料搬运分拣系统由送料装置、气动机械手、皮带输送机等部件组成,如图 19-1 所示。搬运分拣的工件有甲、乙、丙三种,其中工件甲为金属件,工件乙为白色塑料件,工件丙为黑色塑料件,各部件的安装位置根据工艺要求来确定。其工作流程如图 19-2 所示。

2. 工作任务

任务一　按生产设备的动作和控制要求,画出输入/输出分配表、电气原理图,并完成电路连接。

具体要求如下。

(1) 在亚龙 YL-235A 的平台上根据图 19-3 所示的装配图将生产设备组装好,根据组装好的生产设备,在图纸上画出其电气原理图。

(2) 根据画出的电气原理图,连接机电一体化生产设备的电路。电路连接应符合工艺要求和安全要求,所有导线应放入线槽,导线与接线端子连接处应套编号管

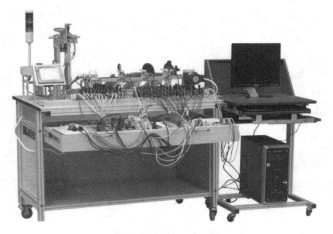

图 19-1 自动物料搬运分拣系统外观图

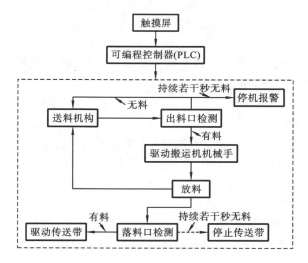

图 19-2 工作流程图

并有相应的编号。

（3）元件、器件的金属外壳，应可靠接地。

任务二 根据生产设备的动作和控制要求编写 PLC 控制程序和设置变频器参数。

具体要求如下。

（1）正确理解设备正常工作过程的处理方式，编写生产设备的 PLC 控制程序和设置变频器的参数。

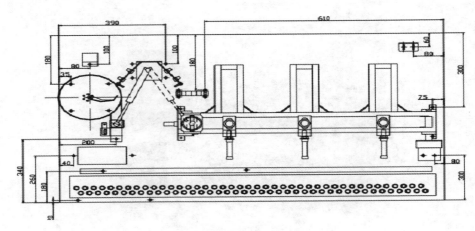

图 19-3　设备装配图

（2）编写程序时可用基本指令，也可以使用步进指令或功能指令。

任务三　调试生产设备的机械部件和 PLC 控制程序。

具体要求如下。

（1）机械部件、传感器等元件的安装位置及其 PLC 的控制程序应相互配合、协调动作，保证分拣和生产的准确。

（2）机械部件、传感器等元件的安装位置及其 PLC 的控制程序应保证皮带输送机的启/停位置和时间的准确。

（3）不得使用漏气的气管和管路附件；气管与管接头的连接应牢固、可靠。

（4）调节气路中的流量调节阀，使气缸活塞杆伸出和缩回的速度适中。

任务四　触摸屏画面的编制。

具体要求如下。

（1）正确设置触摸屏的页面。

（2）正确配置触摸屏与计算机及触摸屏与 PLC 的通信。

3. 控制系统具体控制要求

物料分拣设备能自动完成金属物料、白色塑料物料及黑色塑料物料的传送、分拣任务。

1）初始状态

通电后，设备的相关部件应为初始状态。相关部件的初始状态如下。

（1）转盘的拨杆停止转动。

（2）机械手停止在左限位位置，气爪松开，手臂气缸和悬臂气缸活塞杆缩回。

（3）传送带停止运行，推料气缸活塞杆全部缩回复位。

若这些部件不在初始位置，可采用手动的方式使其复位。

2）启动

在设备相关部件为初始状态的情况下，才能按下启动按钮使设备进入运行状态。

3）设备运动行程

在触摸屏上点击"启动"按钮后，整机进行复位，当复位到位后，由 PLC 启动送料电动机驱动放料盘旋转，物料由送料盘滑到出料口检测位置，出料口检测光电传感器检测此时是否有物料。如果送料电动机运行 200 s 后，出料口传感器仍未检测到物料，则说明送料机转盘内已经无物料或故障，这时应停机。

（1）机械手搬运物料。

当出料口传感器检测到物料以后，给 PLC 发出信号，由 PLC 驱动机械手手臂伸出→手爪下降→手爪夹紧物料→手爪上升→手臂缩回→手臂向右旋转到右限位→手臂伸出→手爪下降→手爪松开将物料放到传送带上→手爪上升→手臂缩回→手臂向左旋转到左限位位置停止，等待传送带上的物料分拣完成后再进行下一次搬运。

（2）物料的分拣。

落料口的物料检测光电传感器检测到物料后启动传送带输送物料，传感器则根据物料的材料特性、颜色特性进行辨别，分别由 PLC 控制相应电磁阀使气缸动作，对物料进行分拣。具体分拣要求如下：面对设备，将金属物料分拣到第一个料槽，将白色塑料物料分拣到第二个料槽，将黑色塑料物料分拣到第三个料槽。若落料口的物料检测光电传感器有 15 s 的时间没有检测到物料，则电动机自动停止转动。

4）变频器

拖动皮带机的电动机正转，频率为 35 Hz。

5）停止

需要停止工作，点击触摸屏上的"停止"按钮，所有正在工作的部件应完成当前物料分拣成功后，设备才能停止运行。再次启动时，设备继续运行。

6）触摸屏说明

（1）在触摸屏页面上方显示"2011 年江苏省职业学校机电一体化技能比赛工位号："。

（2）在页面的中间显示"启动"及"停止"按钮。

（3）在页面的下方显示日期、时间，要求与计算机的时间同步。

三、相关知识

1. YL-235A 光机电一体化实训装置的基本认识

本项目所需的操作平台为亚龙 YL-235A 光机电一体化实训装置，如图 19-1 所示。YL-235A 光机电一体化实训装置包含了机电一体化专业所涉及的基础知识和专业知识,包括了基本的机电技能要求,也体现了当前先进技术的应用,并为学生提供了一个典型的、可进行综合训练的工程环境,构建了一个可充分发挥学生潜能和创造力的实践平台。它主要由铝合金导轨式实训台、典型的机电一体化设备的机械部件、PLC 模块单元、触摸屏模块单元、变频器模块单元、按钮模块单元、电源模块单元、模拟生产设备实训模块、接线端子排和各种传感器等组成。此装置可根据要求组装成具有模拟生产功能的机电一体化设备。

2. 设备各部件的名称及功能

1)送料机构

送料机构用于将转盘中的白色塑料、黑色塑料和金属三种物料送到机械手下方,以便于机械手的搬运,如图 19-4 所示。

放料转盘:用于存放物料的设备,驱动电动机采用 24 V 直流减速电动机,用于驱动放料转盘的旋转。转盘中共放三种物料:金属物料、白色非金属物料和黑色非金属物料。

驱动电动机:采用 24 V 直流减速电动机,转速为 6 r/min,用于驱动放料转盘旋转。

物料检测支架:将物料有效定位,并确保每次只上一个物料。

出料口传感器:物料检测为光电漫反射型传感器,用于检测物料平台上有无从转盘中送来的物料。

图 19-4 送料机构
1—放料转盘;2—调节支架;3—驱动电动机;4—物料;
5—出料口传感器;6—物料检测支架

2)机械手搬运机构

气动机械手用于将物料从物料平台搬运到皮带输送机上,整个搬运机构能完成四个自由度动作,即手臂伸缩、手臂旋转、手爪上下和手爪松紧,如图 19-5 所示。

　　气动手爪:可以实现各种抓取功能,是现代气动机械手中的一个重要部件。抓取和松开物料由双电控气阀控制,手爪夹紧磁性传感器有信号输出,指示灯亮,在控制过程中不允许两个线圈同时得电。

　　提升气缸:采用双向电控气阀控制。

　　磁性开关:用于气缸的位置检测。检测气缸伸出和缩回是否到位,为此在前点和后点上各有一个,当检测到气缸准确到位后将给 PLC 发出一个信号(在应用过程中棕色线接 PLC 主机输入端,蓝色线接输入的公共端)。

　　旋转气缸:是利用压缩空气驱动输出轴在小于 360°内做往复摆动的气动执行元件,多用于物体的转位、工件的翻转和阀门的开闭等。

　　双杆气缸:机械手臂伸出、缩回,由电控气阀控制。气缸上装有两个磁性传感器,检测气缸伸出或缩回位置。

　　接近传感器:机械手臂正转和反转到位后,接近传感器信号输出(在应用过程中,棕色线接直流 24 V 电源"+",蓝色线接直流 24 V 电源"−",黑色线接 PLC 主机的输入端)。

　　缓冲阀:在旋转气缸的外部设置缓冲器来起到缓冲减速作用。

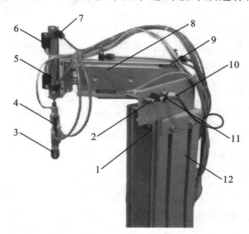

图 19-5　机械手搬运机构

1—旋转气缸;2—非标螺丝;3—气动手爪;4—手爪磁性开关 Y59BLS;

5—提升气缸;6—磁性开关 D-C73;7—节流阀;8—双杆气缸;

9—磁性开关 D-Z73;10—接近传感器;11—缓冲阀;12—安装支架

3)物料传送和分拣机构

物料分拣系统主要用于实现皮带输送机上物料材质的检测,并根据控制要求将物料推入三个不同的料槽。从图 19-6 中可以看到物料传送分拣系统主要包括落料口检测传感器、落料口、皮带输送机、拖动电动机、物料滑槽、电感式传感器、2 个光纤传感器、2 个光纤放大器、3 个推料气缸(含单向节流阀和磁性开关)及 3 个单控电磁换向阀。

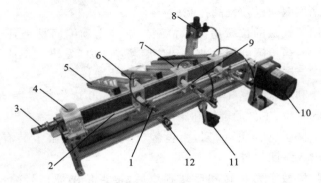

图 19-6   物料传送和分拣机构

1—磁性开关 D-C73;2—皮带输送机;3—落料口检测传感器;4—落料口;

5—物料滑槽;6—电感式传感器;7—光纤传感器;8—调压阀;

9—节流阀;10—三相异步电动机;11—光纤放大器;12—推料气缸

落料口:用于机械手搬运来的物料的落料定位。

落料口检测传感器:检测是否有物料从落料口放置到传送带上,并给 PLC 一个输入信号。

物料滑槽:放置物料。

光纤传感器:用于检测不同颜色的物料,可通过调节光纤放大器来区分不同颜色的灵敏度。

电感式传感器:检测金属材料,检测距离为 3~5 mm。

调压阀:气动系统的工作压力一般是通过调压阀进行调节的,其作用是将较高的输入压力调整到符合设备使用要求的压力,并保持输出压力稳定。

三相异步电动机:驱动传送带转动,由变频器控制。

推料气缸:在 3 个电磁换向阀的控制下可以将不同材质或颜色的物料推入指定滑槽,其推出速度和缩回速度均可以通过安装在气缸进出气口的单向节流阀进行调节。

节流阀:使用单向节流阀调速是通过调节进入气缸或气缸排出的空气流量来实现速度控制的,这也是气动回路中最常用的速度调节方式。

3. 气动原理及气缸电控阀的使用

气动控制元件部分有单控电磁换向阀、双控电磁换向阀、节流阀和磁性开关。气动执行元件部分有单出单杆气缸、单出双杆气缸、旋转气缸和气动手爪。

1）气动机械手的气动回路

气动机械手用于将物料从物料平台搬运到皮带输送机上，其气动回路主要由旋转气缸、气动手爪、提升气缸、双杆气缸和相应的控制阀构成，气动机械手的气动回路如图 19-7(a)所示。

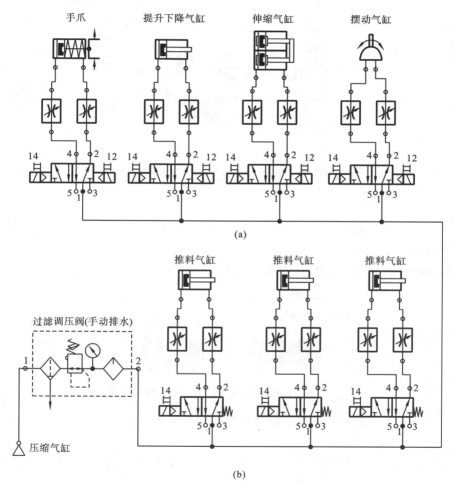

(a)

(b)

图 19-7　气动原理

(a)气动机械手的气动回路；(b)推料装置的气动回路

2) 推料装置的气动回路

物料分拣机构中,气动机械手搬运来的物料在材质分拣过后,分别由 3 个推料气缸推入指定的滑槽,它的气动回路如图 19-7(b)所示。

3) 电控阀的使用

在图 19-8 中应该注意:气缸的正确运动使物料分到相应的位置,只要交换进出气口的方向就能改变气缸的伸出(缩回)运动,气缸两侧的磁性开关可以识别气缸是否已经运动到位。

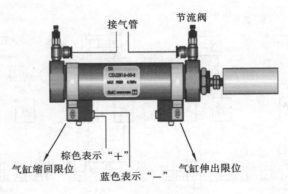

接气管　节流阀

棕色表示"＋"

气缸缩回限位

蓝色表示"－"

气缸伸出限位

图 19-8　气缸示意图

在图 19-9 中应该注意:双控电磁换向阀用来控制气缸进气和出气,从而实现气缸的伸出、缩回运动。电磁换向阀内装有红色指示灯且该灯有正、负极性,假如极性接反其指示灯不亮,但电磁换向阀能正常工作。

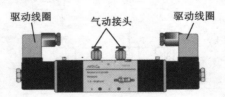

驱动线圈　气动接头　驱动线圈

图 19-9　双控电磁换向阀示意图

在图 19-10 中应该注意:单控电磁换向阀用来控制气缸单个方向运动,实现气缸的伸出、缩回运动。

在图 19-11 中应该注意:当手爪由单控电磁换向阀控制时,单控电磁换向阀得电,手爪夹紧。电磁换向阀断电后手爪张开。当手爪由双控电磁换向阀控制时,手爪抓紧和松开分别由一个线圈控制,在控制过程中不允许两个线圈同时得电。

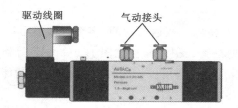

图 19-10　单控电磁换向阀示意图

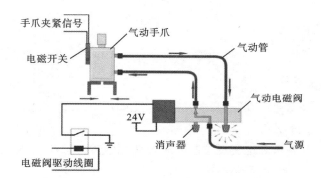

图 19-11　手爪控制示意图

4．触摸屏简介

触摸屏作为一种新型的人机界面,从一出现就受到关注,简单易用,强大的功能及优异的稳定性使它非常适用于工业环境,甚至可以用于日常生活之中,应用非常广泛,如自动化停车设备、自动洗车机、天车升降控制、生产线监控等,甚至可用于智能大厦管理、会议室声光控制、温度调整。

随着科技的飞速发展,越来越多的机器与现场操作都趋向于使用人机界面,PLC控制器强大的功能及复杂的数据处理也呼唤一种功能与之匹配而操作又简便的人机出现,触摸屏的应运而生无疑是 21 世纪自动化领域里的一个巨大的革新。

MT5000、MT4000 是全新一代的工业嵌入式触摸屏人机界面,全新一代的人机界面具有以下特点。

(1) 使用高速低功耗嵌入式 RISC CPU。

(2) 使用嵌入式操作系统。

(3) MT5000 全面支持以太网、USB 等高速接口,MT4000 支持 USB 高速接口。

(4) 简单易用,稳定可靠。

(5) 65536 色显示方式使触摸屏的表达更加丰富多彩。

(6) 强大的 32 位 RISC 处理器的应用使 MT5000、MT4000 拥有更快的处理速度。

(7) MT5000 全面支持以太网通信功能,多个触摸屏可以任意组网。

(8) 增加图形文件支持。支持 24 位位图 JPEG、GIF 等格式的图像导入。

(9) 使用标准 C 语言宏代码可以以多种方式被触发,功能强大,灵活易用。

(10) 强大的定时器功能。

触摸屏的具体操作方法见"任务实施"。

四、任务实施

1. 系统配置

本项目实施是以亚龙 YL-235A 光机电一体化实训装置为操作平台。

2. 输入/输出分配表

根据任务一的要求确定实现控制的输入/输出点数。

1) 确定输入点数

根据本项目要求的动作过程,可知需要使用的位置和物料检测传感器占用的输入点数为 18 个,启停点数为 2 个,共计 20 个。

2) 确定输出点数

根据工作过程和气动系统图,确定实现三种物料分拣的机械动作。

(1) 送料电机运行。

(2) 机械手动作:机械悬臂前伸、后退,手臂上升、下降,手爪加紧、松开,机械手左摆、右摆。

(3) 推料动作:3 个推料气缸的推出及缩回。

(4) 皮带输送机运行:皮带输送机由变频器控制,要求固定频率正转运行。

因此,本项目所需输出点数为 13 个,输入/输出分配如表 19-1 所示。

表 19-1　端口分配及功能表

输　　入		输　　出	
输入设备	输入点编号	输出设备	输出点编号
启动按钮	X000	右摆	Y000
停止按钮	X001		Y001
手爪传感器	X002	左摆	Y002
左摆传感器	X003	转盘电机	Y003

续表

输　　　入		输　　　出	
右摆传感器	X004	手爪抓紧	Y004
平伸传感器	X005	手爪松开	Y005
平缩传感器	X006	垂伸	Y006
垂缩传感器	X007	垂缩	Y007
垂伸传感器	X010	平伸	Y010
物料检测传感器	X011	平缩	Y011
推料一伸出限位传感器	X012	驱动推料一伸出	Y012
推料一缩回限位传感器	X013	驱动推料二伸出	Y013
推料二伸出限位传感器	X014	驱动推料三伸出	Y014
推料二缩回限位传感器	X015	驱动变频器	Y020
推料三伸出限位传感器	X016		
推料三缩回限位传感器	X017		
启动推料一传感器	X020		
启动推料二传感器	X021		
启动推料三传感器	X022		
启动传送带	X023		

3. 输入/输出接线图

用三菱 FX$_{2N}$ 型可编程控制器实现自动物料搬运分拣系统输入/输出接线图,如图 19-12 所示。

4. 系统的梯形图参考程序及变频器的调试

(1) 根据任务二的具体要求编写程序(见图 19-13 所示),编写完成后,打开主机电源开关,下载程序至 PLC 中,下载完毕后将 PLC 的"RUN/STOP"开关拨至"RUN"状态。

(2) 将拖动皮带机的电动机正转频率调整为 35 Hz,具体操作方法略。

5. 编辑触摸屏

根据任务四的具体要求来编辑触摸屏,编辑完成后进行下载、调试,其操作步骤如下。

首先,创建一个新的空白工程。

(1) 安装好 EV5000_V1.5_CHS 软件后,在［开始］/［程序］/［Stepservo］/

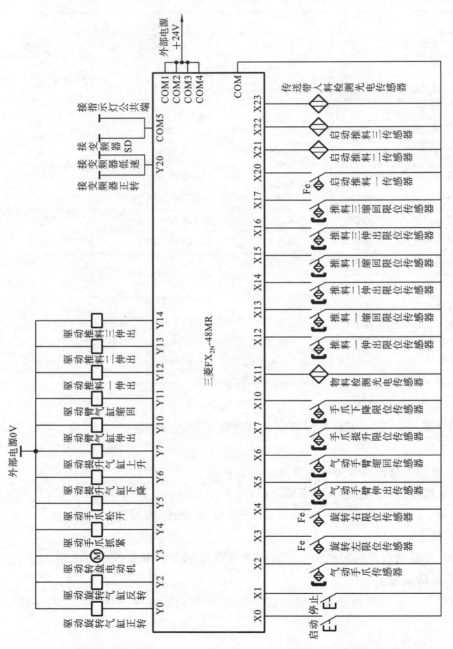

图 19-12　PLC 控制系统的输入/输出接线图

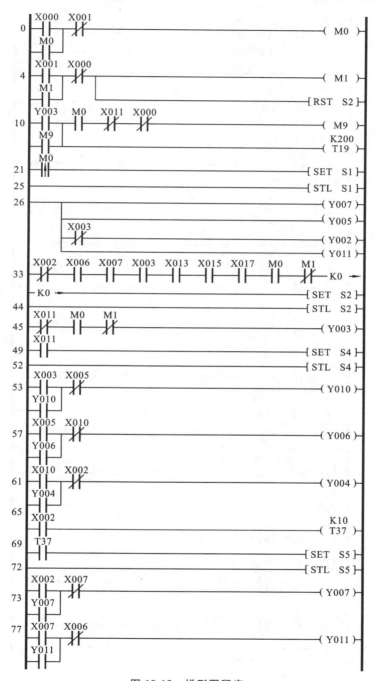

图 19-13　梯形图程序

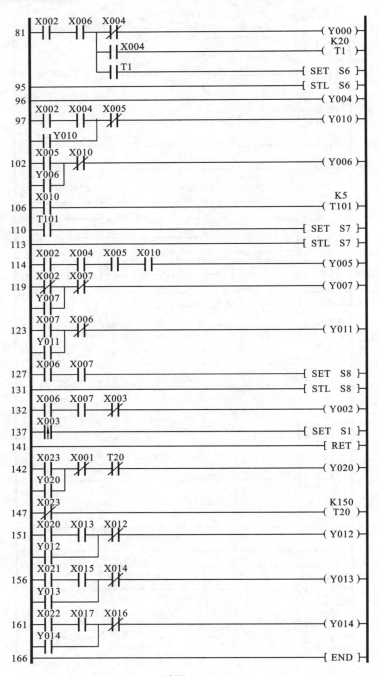

续图 19-13

[EV5000]下找到相应的可执行程序后点击,弹出如图 19-14 所示界面。

（2）点击菜单[文件]下的[新建工程],这时将弹出"建立工程"对话框,如图 19-15所示,输入您想建工程的名称。也可以点击"≫"来选择您所建文件的存放路径。在这里命名为"技能大赛",点击"建立"按钮即可。

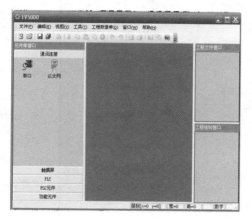

图 19-14　新建空白工程

图 19-15　"建立工程"对话框

（3）选择您所需的通讯连接方式,MT5000 支持串口、以太网连接,点击"元件库窗口"里的通讯连接,选中您所需的连接方式拖入工程结构窗口中,如图 19-16 所示。

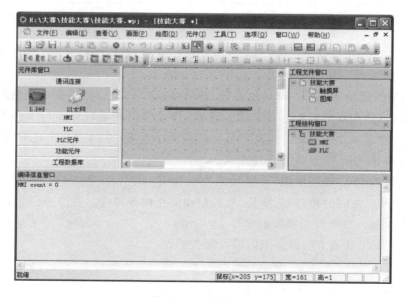

图 19-16　连接方式

（4）在"元件库窗口"点击"HMI"选择所需的触摸屏型号（见图19-17），将其拖入工程结构窗口，放开鼠标，将弹出对话框。可以选择水平或垂直方式显示触摸屏，然后点击"OK"按钮。

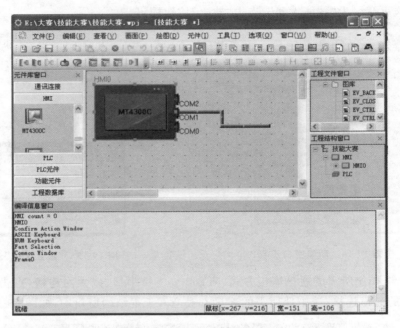

图 19-17　选择触摸屏型号

（5）在"元件库窗口"点击"PLC"，选择您需要连线的 PLC 类型，拖入工程结构窗口中，如图 19-18 所示。

（6）适当移动 HMI 和 PLC 的位置，将连接端口（白色梯形）靠近连接线的任意一端，就可以顺利地把它们连接起来。注意：连接使用的端口号要与实际的物理连接一致，这样就成功地在 PLC 与 HMI 之间建立了连接。拉动 HMI 或 PLC，检查连接线是否断开，如不断开就表示连接成功。

根据您的 PLC 连线情况，设置通讯类型为 RS-232，RS-485-4W 或 RS-485-2W，并设置与 PLC 相同的波特率、字长、校验位和停止位等属性。右面一栏非高级用户，一般不必改动。这样新工程就创建好了，

（7）按下工具条上的保存图标即可保存工程。

（8）选择菜单［工具］/［编译］，或者按下工具条上的编译图标进行编译。

（9）双击"工程结构窗口"中的"HMIO"，再点击"0:Frame0"创建一个新的窗口，如图 19-19 所示。

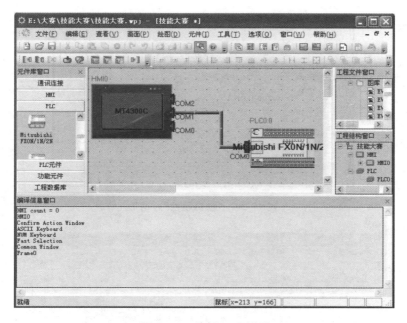

图 19-18　选择 PLC 型号

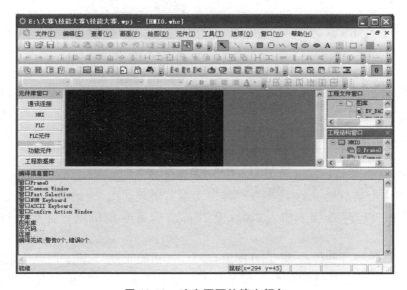

图 19-19　改变页面的填充颜色

（10）在黑色页面中单击鼠标右键，选择"属性"，出现如图 19-20 所示的"窗口属性"对话框。选中"背景填充效果"，将填充色改为金黄色，如图 19-21 所示。

图 19-20　"窗口属性"对话框

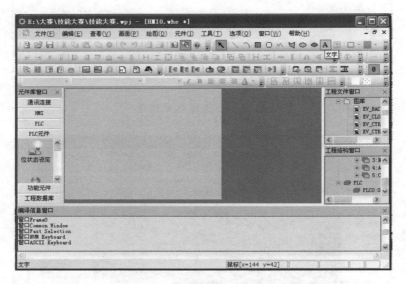

图 19-21　将填充色改为"金黄色"

（11）点击菜单栏中的"绘图"→"静态文字"，出现如图 19-22 所示的"文本属性"对话框。在"内容"选项中输入"2011 年江苏省职业学校机电一体化技能比赛工位号："。

（12）在触摸屏软件左边"元件库窗口"点击"功能元件"，选中"时间"且按住鼠标左键将"时间"拖到窗口的黄色区域后松开。点击"显示时间"前面的小方框，单击"确定"按钮。

（13）在"元件库窗口"点击"PLC 元件"→"位状态切换开关"，将"位状态切换开关"拖曳到黄色编辑界面中，弹出"位状态切换开关属性"对话框，如图 19-23 所示。

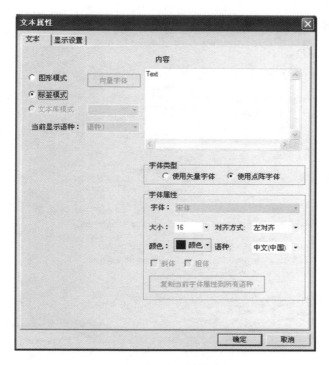

图 19-22 "文本属性"对话框

（14）在"基本属性"中，将"地址类型"改为"M"，"地址"改为"0"。在"位状态切换开关"中将"开关类型"改为"复位开关"。点击"图形"→"使用向量图"→"导入图像"，在弹出的对话框中选择"向量图"→"按钮"，在弹出的图形中选择相应的图形，点击"导入图像"→单击"退出"→单击"确定"。用前面所讲述的方法在绿色的按钮下面添加"启动"文字。用同样的方法再做一个按钮，如图 19-24 所示。

（15）按照前面所讲述的方法进行"保存"、"编译"、"下载"、"离线模拟"。"离线模拟"的结果如图 19-25 所示。

（16）按下触摸屏上"启动"按钮时，观察转盘电动机、机械手的动作。

6. 系统调试

根据任务三的具体要求进行系统调试。

（1）在教师的现场监护下进行通电调试，验证系统功能是否符合控制要求。

（2）如果出现故障，学生应独立检修。首先进行线路检修，完毕后进行梯形图程序修改，修改完成后应重新调试，直至系统能够正常工作。

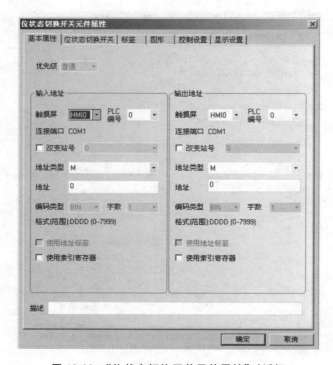

图 19-23 "位状态切换开关元件属性"对话框

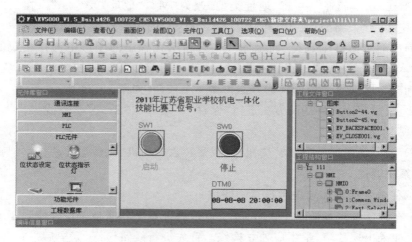

图 19-24 添加按钮后的界面

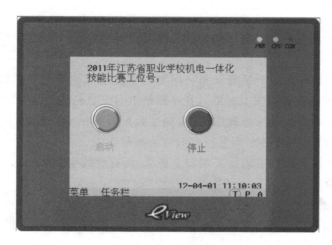

图 19-25　离线模拟

五、巩固与提高

××加工装配设备情况简介

　　××加工装配设备(以下简称加工设备)由工件放置台、气动机械手、皮带输送机等部件组成,工件有三种,即工件甲(试件为金属件)、工件乙(试件为白塑料件)、工件丙(试件为黑塑料件),各部件已根据图 19-26 所示安装在亚龙 YL-235A 的操作平台上。此加工设备控制要求分析如下。

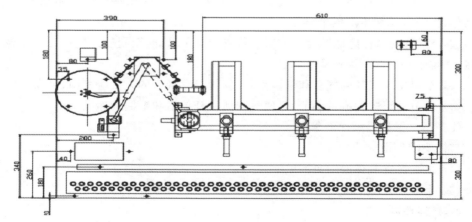

图 19-26　设备装配图

1. 工作任务

任务一　按加工装配设备的动作和控制要求,画出电气原理图并完成电路连接。具体要求如下。

(1) 根据组装好的加工装配设备在图纸上将其电气原理图画出(图形符号的使用应符合中华人民共和国国家标准),并在图纸上写上自己的工位号。

(2) 根据你画出的电气原理图,连接加工装配设备的电路。电路的导线必须放入线槽,凡是连接的导线必须套上写有编号的编号管。

(3) 电路连接应符合工艺要求和安全要求,所有导线应放入线槽,导线与接线端子连接处必须套上写有编号的编号管。

(4) 元件、器件的金属外壳,应可靠接地。

任务二　根据加工装配设备的动作和控制要求编写 PLC 控制程序和设置变频器参数要求。

(1) 请你正确理解设备正常工作过程的处理方式,编写生产设备的 PLC 控制程序和设置变频器的参数。

在使用计算机编写程序时,应随时保存已编写好的程序,保存的文件名为工位号。

(2) 编写程序时可用基本指令,也可以使用步进指令或功能指令。

任务三　调试加工装配设备的机械部件和 PLC 控制程序。

具体要求如下。

请你调整传感器的位置及灵敏度,调整机械零件的位置,完成机电一体化生产设备的整体调试,使该设备能正常工作,完成工件的生产及分拣操作。

(1) 机械部件、传感器等元件的安装位置及其 PLC 的控制程序应相互配合,协调动作,保证分拣和生产的准确。

(2) 机械部件、传感器等元件的安装位置及其 PLC 的控制程序应保证皮带输送机启/停位置和时间的准确。

(3) 不得使用漏气的气管和管路附件;气管与管接头的连接应牢固、可靠。

(4) 调节气路中的流量调节阀,使气缸活塞杆伸出和缩回的速度适中。

任务四　触摸屏画面的编制。

具体要求如下。

(1) 正确设置触摸屏的页面。

(2) 正确配置触摸屏与计算机及触摸屏与 PLC 的通信。

2. 具体控制要求

物料分拣设备能自动完成金属物料、白色塑料物料及黑色塑料物料的传送、装配任务。

1）初始状态

通电后,设备的相关部件应为初始状态。相关部件的初始状态如下。

（1）转盘的拨杆停止转动。

（2）机械手停止在左限位位置,气爪松开,手臂气缸和悬臂气缸活塞杆缩回。

（3）传送带停止运行,推料气缸活塞杆全部缩回复位。

若这些部件不在初始位置,可采用手动的方式使其复位。

2）启动

在设备相关部件为初始状态的情况下,才能按下启动按钮使设备进入运行状态。

3）运动过程

在触摸屏上点击"启动"按钮后,整机进行复位,当复位到位后,由 PLC 启动送料电动机驱动放料盘旋转,物料由送料盘滑到物料检测位置,物料检测光电传感器检测此时是否有物料的存在。如果送料电动机运行 180 s 后,出料口传感器仍未检测到物料,则说明送料机构已经无物料或故障,这时要停机报警。

（1）机械手搬运物料。

当出料口传感器检测到物料以后,将给 PLC 发出信号,由 PLC 驱动机械手臂伸出→手爪下降→夹紧物料→手爪上升→手臂缩回→手臂向右旋转到右限位→手臂伸出→手爪下降→手爪松开将物料放到传送带上→手爪上升→手臂缩回→手臂向左旋转到左限位位置停止,等待传送带上的物料分拣完成后再进行下一次搬物。

（2）物料的分拣。

落料口的物料检测传感器检测到物料后启动传送带输送物料,传感器则根据物料的材料特性、颜色特性进行辨别,分别由 PLC 控制相应电磁阀使气缸动作,对物料进行分拣。具体分拣要求是:面对设备,第一个料槽实现"金、白、黑"循环装配;第二个料槽实现"金、金、白"循环装配;第三个料槽实现"黑、白、白"循环装配。若启动 PLC 的传感器 15 s 后没有检测到物料,则电动机自动停止转动。

4）变频器

拖动皮带机的电动机正转、反转,频率分别为 25 Hz 和 35 Hz。

5）装置停止

（1）正常停止。

如需要停止工作,可点击触摸屏上的"停止"按钮,所有正在工作的部件应在完成当前物料分拣成功后,设备才能停止运行。再次启动时,设备继续运行。

（2）紧急停止。

配料装置运行过程中如果遇到各类意外事故,需要紧急停止时,请按下急停开关 QS,配料装置立刻停止运行并保持急停瞬间的状态,同时蜂鸣器鸣叫报警。再启动时,必须复位急停开关,然后再按启动按钮 SB5,配料装置接着急停瞬间的状态继续运行,同时蜂鸣器停止鸣叫。

6) 触摸屏说明

(1) 第一页显示"2011 年全国职业院校技能大赛";参赛选手:姓名,年龄;日期,时间。

(2) 第二页显示题目中出现的所有按钮、指示灯,即所有操作在触摸屏上完成。

(3) 第三页分别显示"第一槽、第二槽、第三槽"完成的装配件组数。

附录 A FX 系列 PLC 功能指令一览表

分类	指令编号	指令助记符	功 能	FX₁S系列	FX₁N系列	FX₂N系列	FX₂NC系列
程序流程	00	CJ	条件跳转	○	○	○	○
	01	CALL	子程序调用	○	○	○	○
	02	SRET	子程序返回	○	○	○	○
	03	IRET	中断返回	○	○	○	○
	04	EI	中断许可	○	○	○	○
	05	DI	中断禁止	○	○	○	○
	06	FEND	主程序结束	○	○	○	○
	07	WDT	监控定时器	○	○	○	○
	08	FOR	循环范围开始	○	○	○	○
	09	NEXT	循环范围结束	○	○	○	○
传送与比较	10	CMP	比较	○	○	○	○
	11	ZCP	区间比较	○	○	○	○
	12	MOV	传送	○	○	○	○
	13	SMOV	移位传送	—	—	○	○
	14	CML	倒转传送	—	—	○	○
	15	BMOV	一并传送	○	○	○	○
	16	FMOV	多点传送	—	—	○	○
	17	XCH	交换	—	—	○	○
	18	BCD	BCD 转换	○	○	○	○
	19	BIN	BIN 转换	○	○	○	○

分类	指令编号	指令助记符	功　能	FX₁S系列	FX₁N系列	FX₂N系列	FX₂NC系列
算术与逻辑运算	20	ADD	BIN 加法	○	○	○	○
	21	SUB	BIN 减法	○	○	○	○
	22	MUL	BIN 乘法	○	○	○	○
	23	DIV	BIN 除法	○	○	○	○
	24	INC	BIN 加 1	○	○	○	○
	25	DEC	BIN 减 1	○	○	○	○
	26	WAND	逻辑字与	○	○	○	○
	27	WOR	逻辑字或	○	○	○	○
	28	WXOR	逻辑字异或	○	○	○	○
	29	NEG	求补码	—	—	○	○
循环与移位	30	ROR	循环右移	—	—	○	○
	31	ROL	循环左移	—	—	○	○
	32	RCR	带进位循环右移	—	—	○	○
	33	RCL	带进位循环左移	—	—	○	○
	34	SFTR	位右移	○	○	○	○
	35	SFTL	位左移	○	○	○	○
	36	WSFR	字右移	—	—	○	○
	37	WSFL	字左移	—	—	○	○
	38	SFWR	位移写入	○	○	○	○
	39	SFRD	位移读出	○	○	○	○
数据处理	40	ZRST	批次复位	○	○	○	○
	41	DECO	译码	○	○	○	○
	42	ENCO	编码	○	○	○	○
	43	SUM	统计 ON 位数	—	—	○	○
	44	BON	ON 位数判定	—	—	○	○
	45	MEAN	平均值	—	—	○	○
	46	ANS	信号报警置位	—	—	○	○
	47	ANR	信号报警复位	—	—	○	○
	48	SOR	BIN 开方	—	—	○	○
	49	FLT	BIN 整数→二进制浮点数转换	—	—	○	○

续表

分类	指令编号	指令助记符	功　　能	FX_{1S}系列	FX_{1N}系列	FX_{2N}系列	$FX_{2N}C$系列
高速处理	50	REF	输入/输出刷新	○	○	○	○
	51	REFF	滤波器调整	—	—	○	○
	52	MTR	矩阵输入	○	○	○	○
	53	HSCS	比较置位(高速计数器)	○	○	○	○
	54	HSCR	比较复位(高速计数器)	○	○	○	○
	55	HSZ	区间比较(高速计数器)	—	—	○	○
	56	SPD	脉冲密度	○	○	○	○
	57	PLSY	脉冲输出	○	○	○	○
	58	PWM	脉冲调制	○	○	○	○
	59	PLSR	带加减速的脉冲输出	○	○	○	○
方便指令	60	IST	初始化状态	○	○	○	○
	61	SER	数据查找	—	—	○	○
	62	ABSD	凸轮控制(绝对方式)	○	○	○	○
	63	INCD	凸轮控制(增量方式)	○	○	○	○
	64	TTMR	示教定时器	—	—	○	○
	65	STMR	特殊定时器	—	—	○	○
	66	ALT	交替输出	○	○	○	○
	67	RAMP	斜波信号	○	○	○	○
	68	ROTC	旋转工作台控制	—	—	○	○
	69	SORT	数据排列	—	—	○	○
外围设备I/O	70	TKY	数字键输入	—	—	○	○
	71	HKY	16 键输入	—	—	○	○
	72	DSW	数字式开关	○	○	○	○
	73	SEGD	7 段译码	—	—	○	○
	74	SEGL	7 段码按时间分割显示	○	○	○	○
	75	ARWS	箭头开关	—	—	○	○
	76	ASC	ASCII 码变换	—	—	○	○
	77	PR	ASCII 码打印输出	—	—	○	○
	78	FROM	BFM 读出	—	○	○	○
	79	TO	BFM 写入	—	○	○	○

分类	指令编号	指令助记符	功　　能	FX₁ₛ系列	FX₁ₙ系列	FX₂ₙ系列	FX₂ₙC系列
外围设备SER	80	RS	串行数据传送	○	○	○	○
	81	PRUN	八进制位传送	○	○	○	○
	82	ASCI	HEX→ASCII 转换	○	○	○	○
	83	HEX	ASCII→HEX 转换	○	○	○	○
	84	CCD	校验码	○	○	○	○
	85	VRPD	电位器读出	○	○	○	○
	86	VRSC	电位器刻度	○	○	○	○
	88	PID	比例积分微分运算	○	○	○	○
浮点数	110	ECMP	二进制浮点数比较	—	—	○	○
	111	EZCP	二进制浮点数区间比较	—	—	○	○
	118	EBCD	二进制浮点数→十进制浮点数转换	—	—	○	○
	119	EBIN	十进制浮点数→二进制浮点数转换	—	—	○	○
	120	EADD	二进制浮点数加法	—	—	○	○
	121	ESUB	二进制浮点数减法	—	—	○	○
	122	EMUL	二进制浮点数乘法	—	—	○	○
	123	EDIV	二进制浮点数除法	—	—	○	○
	127	ESOR	二进制浮点数开方	—	—	○	○
	129	INT	二进制浮点数→BIN整数转换	—	—	○	○
	130	SIN	浮点数 SIN 运算	—	—	○	○
	131	COS	浮点数 COS 运算	—	—	○	○
	132	TAN	浮点数 TAN 运算	—	—	○	○
定位	147	SWAP	上、下字节变换	—	—	○	○
	155	ABS	ABS 当前值读取	○	○	○	○
	156	ZRN	原点回归	○	○	—	—
	157	PLSV	可变速的脉冲输出	○	○	—	—
	158	DRVI	相对定位	○	○	—	—
	159	DRVA	绝对定位	○	○	○	○

续表

分类	指令编号	指令助记符	功　　能	FX₁ₛ系列	FX₁ₙ系列	FX₂ₙ系列	FX₂ₙC系列
时钟运算	160	TCMP	时钟数据比较	○	○	○	○
	161	TZCP	时钟数据区间比较	○	○	○	○
	162	TADD	时钟数据加法	○	○	○	○
	163	TSUB	时钟数据减法	○	○	○	○
	166	TRD	时钟数据读出	○	○	○	○
	167	TWR	时钟数据写入	○	○	○	○
	169	HOUR	计时器	○	○	—	—
外围设备	170	GRY	格雷码变换	—	—	○	○
	171	GBIN	格雷码逆变换	—	—	○	○
	176	RD3A	模拟块读出	—	○	—	—
	177	WR3A	模拟块写入	—	○	—	—
接点比较	224	LD＝	(S1)＝(S2)	○	○	○	○
	225	LD＞	(S1)＞(S2)	○	○	○	○
	226	LD＜	(S1)＜(S2)	○	○	○	○
	228	LD＜＞	(S1)≠(S2)	○	○	○	○
	229	LD＜＝	(S1)≤(S2)	○	○	○	○
	230	LD＞＝	(S1)≥(S2)	○	○	○	○
	232	AND＝	(S1)＝(S2)	○	○	○	○
	233	AND＞	(S1)＞(S2)	○	○	○	○
	234	AND＜	(S1)＜(S2)	○	○	○	○
	236	AND＜＞	(S1)≠(S2)	○	○	○	○
	237	AND＜＝	(S1)≤(S2)	○	○	○	○
	238	AND＞＝	(S1)≥(S2)	○	○	○	○
	240	OR＝	(S1)＝(S2)	○	○	○	○
	241	OR＞	(S1)＞(S2)	○	○	○	○
	242	OR＜	(S1)＜(S2)	○	○	○	○
	244	OR＜＞	(S1)≠(S2)	○	○	○	○
	245	OR＜＝	(S1)≤(S2)	○	○	○	○
	246	OR＞＝	(S1)≥(S2)	○	○	○	○

注:"○"表示有相应的功能;"—"表示没有相应的功能。

参 考 文 献

[1] 张泽荣. 可编程序控制器原理与应用[M]. 北京:清华大学出版社,北京交通大学出版社,2004.

[2] 王也仿. 可编程序控制器应用技术[M]. 北京:机械工业出版社,2001.

[3] 陈金艳,王浩. 可编程序控制器技术及应用[M]. 北京:机械工业出版社,2010.

[4] 李向东. 电气控制与 PLC[M]. 北京:机械工业出版社,2005.

[5] 曹菁. 三菱 PLC、触摸屏和变频器应用技术[M]. 北京:机械工业出版社,2010.

[6] 袁任光. 可编程序控制器选用手册[M]. 北京:机械工业出版社,2003.

[7] 金彦平. 可编程序控制器及应用(三菱)[M]. 北京:机械工业出版社,2010.

[8] 冯宁,吴灏. 可编程控制器技术应用[M]. 北京:人民邮电出版社,2009.

[9] 黄中玉. PLC 应用技术[M]. 北京:人民邮电出版社,2009.

[10] 刘建华,张静之. 三菱 FX_{2N} 系列 PLC 应用技术[M]. 北京:机械工业出版社,2010.

[11] 范次猛. 可编程序控制器原理与应用[M]. 北京:北京理工大学出版社,2006.

[12] 史宜巧,田敏. PLC 控制系统设计与运行维护[M]. 北京:机械工业出版社,2010.